EL TOPO
DORADO

EL TOPO DORADO

UN ATLAS DE LAS CRIATURAS MÁS EXTRAORDINARIAS DEL PLANETA

KATHERINE RUNDELL

Ilustrado por
TALYA BALDWIN

Traducción de
BEATRIZ VILLENA SÁNCHEZ

FOLIOSCOPIO

EL TOPO DORADO. UN ATLAS DE LAS CRIATURAS
MÁS EXTRAORDINARIAS DEL PLANETA

Título original: *The Golden Mole and Other Living Treasure*

© del texto: Katherine Rundell, 2022
© de las ilustraciones: Talya Baldwin, 2022
© de la traducción: Beatriz Villena Sánchez, 2025
Diseño de cubierta: lookatcia

Publicado en español por Folioscopio según acuerdo con Faber & Faber Ltd.,
a través de Rogers, Coleridge & White

© de esta edición: Folioscopio, S. L., 2025
c/ Rosselló, 186 5º-4ª 08008 Barcelona (España)
www.folioscopio.com

Primera edición: mayo del 2025
ISBN: 978-84-103800-7-3
Depósito legal: B 4022-2025

Impreso por GPS, Bosnia y Herzegovina / *Printed by GPS, Bosnia and Herzegovina*

Este libro es respetuoso con el medio ambiente. Está impreso con papel
procedente de fuentes responsables y con tintas ecosostenibles.

Índice

«El mundo nunca morirá de hambre por falta de maravillas, sino sólo por falta de asombro».

G. K. Chesterton

Introducción

A lo largo de su vida, el vencejo común vuela unos dos millones de kilómetros, suficientes como para ir y volver a la Luna dos veces y regresar allí una tercera. De los doce meses del año, dedica diez a volar; el cielo se encarga de asearlo y duerme sobre su ala, por lo que no necesita posarse.

La rana de la madera americana pasa el invierno congelada. El latido de su corazón se ralentiza hasta pararse cuando el líquido que rodea sus órganos se convierte en hielo. Con la llegada de la primavera, se descongela y vuelve a la vida como si nada. Todavía desconocemos cómo sabe el corazón que debe volver a latir.

En el mar, los delfines silban a sus crías mientras las llevan en el vientre; meses antes de su nacimiento y un par de semanas después, la madre entona el mismo silbido característico una y otra vez. Los demás delfines están más callados que de costumbre durante esas semanas, en un intento por no confundir a la cría nonata mientras aprende la llamada de su madre.

Todas estas cosas (vuelos infinitos, un corazón autogalvanizante y un bebé que aprende su nombre dentro del vientre de su madre) se asemejan a esas fábulas que contamos a los niños. Pero es que el mundo real es tan asombroso que nuestra capacidad de asombro, por enorme que sea, apenas es capaz de rascar la superficie de la verdad.

En parte, este libro es el resultado de momentos de colisión con seres vivos, tanto en la alegría como en la destrucción, el deleite, la grandeza y la locura. Son historias que nos hablan de nosotros mismos, que nos describen en esos instantes de embelesamiento y volatilidad, en las circunstancias más extrañas. Las historias de dichos encuentros son tan abundantes que podrían llenar miles de libros. Por ejemplo, se dice que san Cutberto, un monje de Lindisfarne del siglo VII, tras mojarse en el océano, recibió la ayuda de unas nutrias marinas que le calentaron los pies con su aliento y se los secaron con su pelaje. También se cuenta que una hermosa joven le dijo a Alejandro Dumas que con gusto se acostaría con él, siempre y cuando antes le diera como ofrenda de amor una mangosta y un oso hormiguero. Y que un granjero ciego de Surinam rescató una vez a una cría de capibara y la entrenó para que le sirviera de lazarillo. En el *Libro Guinness de los récords* se dice que, guiado por lo que era en esencia un enorme conejillo de Indias, un hombre valiente se adentró en la oscuridad del mundo, y consiguió volver sano y salvo a casa.

La historia no nos cuenta si Dumas fue capaz de cerrar el trato, aunque parece poco probable. La mangosta habría sido fácil de conseguir en el París del siglo XIX, pero el oso hormiguero no tanto. Desde luego no cuesta nada imaginar por qué la joven querría una elegante gato-rata y un mamífero de lengua de gusano: esa atracción que siempre hemos sentido por las criaturas vivas con las que compartimos el mundo.

Este libro es, también, una letanía de las muchas conjeturas y malentendidos, de los vívidos errores sobre los que se ha construido con gran esfuerzo nuestro conocimiento. Por ejemplo, dado que solíamos cazar castores por sus testículos con el argumento de que eran un delicioso afrodisíaco, durante cientos de años llegamos a teorizar que, si se les perseguía, se arrancarían sus propios genitales a mordiscos para evitar la persecución. Un texto romano del año 200 d. C. afirmaba que «los arrojarían en el camino [de sus perseguidores], como un hombre prudente que, al caer en manos de ladrones, sacrifica todo lo que lleva para salvar su vida y pierde sus posesiones a modo de rescate». Por ello, los bestiarios medievales estaban llenos de imágenes de castores furiosos castrándose con sus incisivos. En la misma línea, la convicción medieval de que el avestruz podía digerir el hierro hizo que los manuscritos árabes y europeos estuvieran plagados de dibujos del ave, hambrienta, sujetando una herradura o una espada en el pico. La teoría fue probada y registrada por el gran naturalista iraquí del siglo IX al-Jahiz, quien informó de que el avestruz comía alegremente trozos de metal ardiendo, pero que, si devoraba unas tijeras, se rebanaba desde dentro. También creíamos que esta ave podía incubar sus huevos si los observaba con gran e inquebrantable intensidad.

Los viejos errores son fantásticos y reveladores de las esperanzas y ansiedades humanas, de nuestros terrores, de nuestros deseos de mejorar nuestra salud digestiva y pericia sexual, de nuestra búsqueda de soluciones mágicas a los inexorables problemas humanos. Y no hay razones para pensar que nuestras equivocaciones actuales sean menores que las de generaciones anteriores. Merece la pena retener esos conocimientos, concisos e imperiosos, a medida que vayamos avanzando; nuestro aprendizaje, aunque vasto, no es más que una fracción infinitesimal de lo que existe. Queda tanto todavía por descubrir sobre la tierra que pisamos y lo que surge de ella. Pero nuestro deseo de acercarnos a las criaturas salvajes del mundo, con frecuencia les ha hecho más mal que bien. Todas las especies aquí recogidas están en peligro de extinción o contienen subespecies que lo están, porque en estos momentos no hay casi criaturas en este mundo que no lo estén. Nos estamos quedando sin tiempo.

Este libro pretende actuar a modo de maestro de circo, con su sombrero de copa y su bigote. En sí mismo no es alguien excepcional, pero su trabajo es señalar lo que es y decir: queridos amigos, ¿querríais mirar, sólo mirar, lo que tenemos aquí para vuestro asombro, atención y amor?

El
wómbat

Según escribió Dante Gabriel Rossetti en 1869, «¡el wómbat es pura alegría, triunfo, deleite y locura!». La casa del pintor en el número 16 de Cheyne Walk, en Chelsea, tenía un gran jardín que, poco después de enviudar, empezó a llenar de animales salvajes. Entre otras bestias, adquirió ualabíes, canguros, un mapache y un cebú. Consideró la posibilidad de hacerse con un elefante africano, pero llegó a la conclusión de que 400 libras era un precio poco razonable. Compró un tucán al que, según se rumoreaba, adiestró para cabalgar sobre una llama. Pero, sobre todo, adoraba los wómbats.

Tuvo dos, uno llamado Top por William Morris, apodado «Topsy» por sus rizos ensortijados. En septiembre de 1869, Rossetti escribió en una carta que el wómbat fue capaz de interrumpir un monólogo, al parecer, insufrible de John Ruskin metiendo la nariz entre el chaleco y la chaqueta del crítico. Fueron muchas la veces en que Rossetti dibujó a los wómbats; incluso esbozó a su amante (la esposa de William Morris, Jane) paseando a uno con correa. En la imagen, tanto Jane como el wómbat parecen furiosos, con un halo dibujado sobre sus cabezas.

No cuesta comprender la devoción de Rossetti por este animal. Que no te engañe su aspecto; es más rápido, valiente y duro de lo que deja entrever su angelical y rechoncho rostro. La primera descripción registrada del wómbat procede de un colono, John Price, en 1798, durante una visita a Nueva Gales del Sur. Price escribió que se trataba de «un animal de unos cincuenta centímetros de altura, con patas cortas y cuerpo grueso, cabeza grande, orejas redondas y ojos muy pequeños; es muy gordo y se parece a un tejón». La descripción deja patente su limitada familiaridad con los tejones, ya que, de hecho, un wómbat está entre un capibara, un koala y un osezno. Y aunque la mayoría son de color marrón, una pequeña cantidad de wómbats meridionales de nariz peluda nacen con una rara mutación genética que hace que su pelaje sea dorado, del rubio intenso de Marilyn Monroe.

A pesar de no parecer demasiado aerodinámicos, son capaces de correr a cuarenta kilómetros por hora y mantenerlos durante noventa segundos. La mayor velocidad registrada de un ser humano fue la de Usain Bolt en los cien metros lisos de 2009, donde alcanzó los 44,7 km/h, pero la mantuvo durante tan sólo 1,61 segundos, lo que sugiere que un wómbat podría adelantarlo con facilidad. También pueden derribar a un hombre adulto y tienen la capacidad de atacar hacia atrás, aplastando a los depredadores contra las paredes de sus guaridas con el duro cartílago de su trasero. Se han encontrado cráneos destrozados de zorros en sus madrigueras.

Las wómbats son madres esmeradas y protectoras que dan a luz una vez al año, en primavera. Como el resto de marsupiales, producen pequeñas crías embrionarias, que nacen tras sólo treinta días de gestación y que permanecen en la bolsa de sus madres durante ocho meses para seguir desarrollándose. Sus marsupios están colocados al revés, de modo que la cabeza de la cría asoma entre las patas traseras de la madre, para así poder cavar sin llenarla de barro. Se trata de una extraordinaria adaptación animal que, además, hace que la madre wómbat parezca estar en un estado de parto permanente durante ocho meses, lo que explica por qué se incluyó un canguro en *Winnie the Pooh*.

Para los primeros colonos de Australia, los wómbats eran una plaga. A pesar de que sus jamones, al igual que los filetes de canguro, podían complementar la escasa dieta de los recién llegados, se los consideraba sobre todo una amenaza potencial para los cultivos y se los sacrificaba en masa (sus excrementos son fáciles de rastrear, ya que adoptan la forma de cubos casi perfectos). En 1906, en Victoria, los wómbats se clasificaron como alimañas; en 1925 se llegó a ofrecer una recompensa que permitía a los cazadores ganar diez chelines por cada pieza. Esta gratificación incentivó la caza y, en un año, un solo terrateniente intercambió más de mil cabelleras. En la actualidad, a pesar de lo que pudiera indicar su nombre, el wómbat común ya no es tan común. El pastoreo excesivo y la destrucción de su hábitat natural han provocado un fuerte descenso en su número; todas las especies están ahora protegidas y el wómbat de nariz peluda septentrional está en peligro crítico de extinción. Su pelaje es más liso y suave que el de la variedad común, y no ven demasiado bien, por lo que tienen que confiar en su gran y sedosa nariz para guiarse hasta la comida en la oscuridad. A medida que su hábitat ha ido desapareciendo, se ha convertido en uno de los mamíferos terrestres más escasos del planeta. Un censo realizado en 1982 cifró en treinta el número de supervivientes; el más reciente reveló que 251 habían eludido la burda destrucción provocada por el ser humano.

Otros wómbats han muerto de forma más directa a manos de los hombres. En 1803, Nicolas Baudin, el famoso explorador, regresó de un viaje a Nueva Holanda (actual Australia) con un arca de animales para la esposa de Napoleón, Josefina. El viaje fue sombrío, con un elevado número de muertos entre su compañía y la carga: más de la mitad de la tripulación tuvo que abandonar el barco por enfermedad, diez canguros murieron por congelación y el botánico tuvo que desmantelar su habitación para habilitar un espacio interior para los animales restantes. Se alimentó a los emús enfermos con azúcar y vino, lo que hizo que enfermaran aún más, y hasta el propio Baudin empezó a escupir sangre. Dos wómbats murieron, pero al menos uno llegó a los brazos de la emperatriz Josefina.

Los wómbats han ofrecido consuelo en momentos donde apenas lo había. El filósofo alemán Theodor Adorno solía visitar con frecuencia el zoo de Fráncfort después de la Segunda Guerra Mundial. En 1965, escribió a su director: «¿Acaso no estaría bien (o sería bonito: *"wäre es nicht schön"*) que el zoo de Fráncfort pudiera adquirir un par de wómbats? En mi infancia recuerdo haberme sentido muy identificado con estos simpáticos y rechonchos animalitos, y me encantaría volver a verlos».

A veces, el amor no basta. Los wómbats de Rossetti no prosperaron en cautividad. La última vez que dibujó uno se representó a sí mismo, con un pañuelo cubriéndole la cara, llorando sobre el cadáver del animalito. Debajo escribió una triste cuarteta:

Nunca crie un wómbat por la alegría
que su tierna mirada me aportaba,
pero cuando más dulce y gordo crecía,
ya sin cola, su muerte se acercaba.

El
tiburón boreal

En 1606, una peste devastadora asoló Londres; los moribundos fueron encerrados en sus casas junto a sus familias, y se decretó el cierre de los teatros, los espectáculos de hostigamiento de osos y los burdeles. Fue entonces cuando Shakespeare escribió una de sus escasísimas referencias a la plaga, arremetiendo contra nuestra propia precariedad:

Apenas, al tocar a muerto,
se pregunta ya por quién;
las vidas de los buenos se agostan antes que la flor de sus
*   sombreros,*
muriendo aun antes de que enfermen.

Mientras escribía esas palabras, un tiburón boreal, todavía vivo hoy, nadaba imperturbable por las aguas de los mares del norte. Por aquella época quizá tendría ya unos cien años, aún lejos de su madurez sexual. Sus padres serían lo bastante mayores como para haber vivido junto a Boccaccio y sus tatarabuelos, con Julio César. Durante miles de años, los tiburones boreales han nadado en silencio, mientras en la superficie, el mundo ardía, se reconstruía y volvía a arder.

Este tiburón es el vertebrado más antiguo del planeta, pero no ha sido hasta hace poco que los científicos han podido determinar con exactitud su edad. Un físico danés, Jan Heinemeier, descubrió una forma de analizar los cristalinos oculares, las proteínas que se encuentran en el ojo, para detectar la presencia de carbono-14, un isótopo radiactivo que se encuentra de forma natural en la Tierra y que varía de año en año. Se produjeron enormes picos durante los años sesenta, cuando la humanidad estaba más entusiasmada con las armas nucleares, pero cada periodo tiene su propia firma de radiocarbono. Al analizar los cristalinos de los ojos de los tiburones, se pudo determinar, de manera muy aproximada, su fecha de nacimiento: de los veintiocho especímenes analizados, la mayor, una hembra de cinco metros, rondaba una edad comprendida entre los 272 y los 512 años. Se cree que el tamaño es un indicador relativamente bueno de la edad, y hay registros de tiburones boreales que alcanzan los siete metros de longitud, por lo que es muy posible que, en la actualidad, haya por ahí tiburones bien entrados en su sexto siglo de existencia.

La belleza del tiburón boreal no es necesariamente obvia. Su cara es roma, sus aletas están atrofiadas y sus ojos atraen a un largo crustáceo parecido a un gusano, *Ommatokoita elongata*, que se adhiere a sus córneas, sobresaliendo de sus globos oculares como serpentinas de papel, dejándolo casi ciego y confiriéndole un aspecto aún más repugnante de lo que le correspondería en justicia. Además, huele. Su cuerpo presenta una alta concentración de urea, algo necesario para tener la misma concentración de sal que el océano y así evitar perder o ganar agua por ósmosis; pero es una necesidad que hace que huela a pis, tan intenso es el hedor que, según una leyenda inuit, el tiburón surgió del bote de orina de Sedna, diosa del mar. La urea es también la causante de que sea venenoso para el ser humano si se consume fresco. Si no se trata, las toxinas de su carne pueden provocar una «borrachera de tiburón»: mareos, tambaleos, balbuceos y vómitos. Sólo es segura si se entierra varios meses, se deja fermentar y luego se cuelga para que se seque durante unos cuantos meses más. Servida en pequeños trozos y conocida como hákarl, es considerada por algunos un manjar y, por otros, una abominación. Según parece, su sabor se asemeja al de un queso muy curado que se ha dejado abandonado durante una semana bajo un sol de justicia dentro del coche de un adolescente.

El tiburón boreal es lento, como corresponde a un pez tan venerable. A máxima velocidad y realizando un esfuerzo extenuante, puede llegar a alcanzar entre los 2,75 y los 3,5 km/h. Aunque es una de las dos criaturas carnívoras más grandes del mar, tiene un metabolismo asombrosamente lento; para sobrevivir, un tiburón de doscientos kilos necesita consumir el equivalente calórico a una galleta y media integral de chocolate al día. Tienen más hambre en el útero que en su vida posterior: el feto más fuerte desarrolla dientes afilados, se come a sus hermanos y sale al agua solo. Una vez fuera, son tanto cazadores como carroñeros; se cree que cazan focas, tal vez aspirándolas mientras duermen en la superficie del agua, pero en su mayoría comen lo que se cae del hielo, desde renos a osos polares. Una vez se encontró la pierna de un hombre en el estómago de un tiburón, pero ni rastro del resto. Y parecen ser lentos incluso en el proceso de su muerte. Henry Dewhurst, cirujano naval, describió en 1834 cómo capturaban y mataban a un tiburón:

Cuando lo suben a cubierta, su cola arremete con tal violencia que es peligroso estar cerca de él y, por lo general, los marineros lo despachan sin excesiva demora. En los trozos cortados se puede ver cómo se contraen sus fibras musculares tiempo después de su muerte. Es, por tanto, extremadamente difícil de matar y no es nada recomendable meter la mano dentro de su boca, aunque se le haya cortado la cabeza [...]. Si se pisa o golpea la pieza, se puede llegar a observar el movimiento incluso tres días después.

Llevan una vida profunda y secreta. Aunque se les ha visto en superficie, prefieren estar cerca del fondo oceánico, donde está oscuro y hace frío; se los ha encontrado a 2200 metros de profundidad, el equivalente a seis Torres Eiffel. Nadie los ha visto nacer y tampoco aparearse. Su capacidad de ocultarse a nuestros ojos hace que no sepamos demasiado hasta qué punto están amenazados. En la actualidad se los ha catalogado como «casi amenazados», pero podrían ser unos tiburones de lo más comunes o estar al borde de la extinción. Sabemos que, durante algún tiempo, se capturaron en enormes cantidades (treinta mil al año en la década de 1900) para extraer aceite de sus cuerpos. Se decía que había lugares en el archipiélago noruego donde las casas, decoradas con pintura hecha con aceite de hígado de tiburón cincuenta años antes, seguían brillando; desde luego, se trataba de una pintura sin igual. Sabemos que, dado que una hembra tarda 150 años en estar lista para reproducirse, se reponen muy despacio. También se creía que eran excelentes padres, hasta el punto de que el poeta griego del siglo II, Opiano, llegó a afirmar que, ante una amenaza de peligro, un tiburón padre abría su boca cavernosa y escondía dentro a sus crías. Como, por desgracia, es muy poco probable que eso sea cierto, tendremos que ocuparnos de ellas nosotros mismos.

Dado que viven tan lejos de nuestros barcos y buceadores, no sabemos por dónde nadan. Sólo salen a la superficie en lugares donde el clima es lo bastante frío para ellos, como el Ártico, en los alrededores de Groenlandia e Islandia, pero se han encontrado en profundidades próximas a Francia, Portugal y Escocia. Los científicos afirman que pueden vivir en cualquier lugar donde el océano sea lo bastante profundo y frío, por lo que podrían estar mucho más cerca de nosotros de lo que pensamos.

Me alegra no ser un tiburón boreal; no tengo suficientes pensamientos como para llenar quinientos años, pero la mera idea me parece esperanzadora. Seguro que nos observarán, inmersos en el frenético caos que podamos estar viviendo en este momento, y presenciarán el choque posterior; vivirán las cosas inimaginables que vendrán después, las transformaciones, las revelaciones, las posibles liberaciones. Ésa es su belleza y resulta impresionante pensar que ellos seguirán ahí. Estas criaturas lentas, apestosas y medio ciegas son, quizá, lo más parecido a lo eterno que puede ofrecernos este planeta.

La
jirafa

El poeta romano Horacio estaba radicalmente en contra de la jirafa. En su opinión, el animal era, desde un punto de vista conceptual, desorganizado: «Si un pintor hubiera decidido poner una cabeza humana en el cuello de un caballo [o] si una hermosa mujer acabara con la cola de un pez negro, ¿acaso seríais capaces de reprimir la risa?». Su relato de la jirafa en *Ars Poetica* (VIII a. C.) termina con una súplica: «Que en tu obra haya un cuerpo sólo de miembros verosímiles compuesto». Cuando Julio César llevó una jirafa a Roma desde Alejandría en el año 46 a. C. (según algunos, un regalo de Cleopatra), los transeúntes, al igual que Horacio, vieron una criatura formada por dos partes. En su *Historia Romana*, Dion Casio escribió que era «como un camello en todos los aspectos excepto por el hecho de que sus patas no son todas de la misma longitud, siendo las traseras más cortas [...]. Elevándose a gran altura, [...] levanta a su vez el cuello hasta una altura inusual. Tiene la piel cubierta de manchas como un leopardo». Pero las multitudes se regocijaban ante la osadía híbrida de la criatura. «Y justo por eso», continúa Dion, «lleva el nombre conjunto de ambos animales». *Camelopardalis*, es decir, camellopardo.

A lo largo de la historia hemos intentado, con más entusiasmo que acierto, explicar cómo surgió algo tan contradictorio y milagroso. El geógrafo persa Ibn al-Faqih escribió en 903 que la jirafa surge cuando «la pantera [macho] se aparea con la camella». Zakariya al-Qazwini, cosmógrafo del siglo XIII, sugirió en sus *Maravillas de la creación* (que también incluye entre sus prodigios el *al-mi'raj*, un conejo con cuerno de unicornio) que su génesis fue el resultado de una concatenación en dos partes: «La hiena macho se aparea con la camella abisinia; si la cría es macho y cubre a la vaca salvaje, producirá una jirafa». Ambas opciones parecen más estresantes de lo que sería ideal desde un punto de vista evolutivo. Otros la han declarado mágica: el explorador Zheng He, de principios de la dinastía Ming, llevó dos jirafas a Nankín y las apreciaba y valoraba como un *qilin*, una suave quimera con pezuñas. El capellán de Carlos I de Inglaterra, Alexander Ross, escribió en su *Arcana Microcosmi* de 1651 que la mera existencia de la jirafa hacía imposible para los naturalistas «acabar con la creencia heredada de los antiguos sobre los grifos [...] al comprobar que, en la naturaleza, hay una posibilidad para semejante animal compuesto. Porque la *giraffa* o *camelopardalis* tiene una composición aún más extraña, resultado de la mezcla de leopardo, búfalo, ciervo y camello».

Ross tenía razón: en lo que respecta a la jirafa, la realidad es mucho más fabulosa y potente que la ficción. Las jirafas nacen sin ayuda de camellos ni hienas, pero no por ello su nacimiento es menos maravilloso. Su gestación dura quince meses y luego se dejan caer desde el vientre materno, a una altura de metro y medio, hasta la tierra. Parece algo tan abrupto y sencillo como vaciar un bolso. En cuestión de minutos, pueden ponerse de pie sobre sus temblorosas patas de modelo de pasarela y mamar de los cuatro pezones de su madre tras morder los pequeños capuchones de cera que se han formado en los días anteriores para evitar que la leche se salga. En poco tiempo, son capaces de correr, pero siguen siendo propensas a tropezar con sus propias patas traseras, un peligro que nunca aprenden a evitar del todo.

Una vez adultas, pueden galopar a sesenta kilómetros por hora con pezuñas del tamaño de un plato llano, pero es mejor que no lo hagan, porque tropiezan consigo mismas. Su lengua, de color azul violáceo oscuro para protegerse del sol y más potente que la de cualquier otro ungulado, mide cincuenta centímetros de largo, lo que les permite raspar con la punta la mucosidad de lo más profundo de sus propias fosas nasales. Y son, de lejos, los rascacielos de los mamíferos: la más alta jamás registrada, una jirafa masái, medía 5,9 metros. El explorador John Mandeville no exageró demasiado cuando, en el primer relato en lengua inglesa de 1356, afirmó que el «gerfauntz» tenía un cuello de «veinte *cubytes* [unos nueve metros] de largo [...] y podía saltar una casa muy alta» (dado que Mandeville es el apelativo ficticio de un hombre desconocido, era de esperar cierta laxitud en las medidas). Pero, a pesar de su gran altura, son muy hospitalarias con los más pequeños. Se sabe que alojan en su cuerpo a pequeños picabueyes piquigualdos, diminutas aves que les quitan las garrapatas y limpian la comida de entre sus dientes. Se han fotografiado jirafas por la noche con grupos de pájaros dormidos en sus axilas para mantenerlos secos.

En Atlanta (Georgia), es ilegal atar tu jirafa a una farola. Sin embargo, no es ilegal importar un cojín hecho con la cabeza de una jirafa recién cazada y con las pestañas aún adheridas. Estados Unidos es uno de los mayores mercados del mundo de partes de jirafa, porque se ha negado a declarar a estos animales en peligro de extinción, a pesar de que quedan menos de sesenta y ocho mil en libertad, lo que supone un descenso del cuarenta por ciento en treinta años. En un periodo reciente de diez años, los cazadores estadounidenses importaron 3744 jirafas muertas, aproximadamente el cinco por ciento de las que todavía quedan vivas. En estos momentos, si te apeteciera dar rienda suelta al tufillo apocalíptico de tu personalidad, podrías comprarte tanto un abrigo largo de jirafa como una Biblia con una funda confeccionada con su piel. Las razas más raras están al borde de la desaparición como, por ejemplo, la jirafa nubia, cuya población se ha reducido un noventa y ocho por ciento en las últimas cuatro décadas y que pronto se extinguirá en estado salvaje. Su propia belleza las pone en peligro. Como escribió el gran naturalista romano Plinio, la prueba de la riqueza es «poseer algo que puede destruirse en un instante».

Desconocemos el motivo del aspecto de la jirafa. Hasta hace relativamente poco, su cuello se explicaba de la forma sugerida por Darwin. Según su hipótesis, la competencia de buscadores como el impala y el kudú fomentó el alargamiento gradual de su cuello al permitirles alcanzar alimentos que los demás no podían. Sin embargo, hace poco se ha demostrado que las jirafas pasan relativamente poco tiempo ramoneando en altura y que los individuos de cuello más largo tienen más probabilidades de morir en épocas de hambruna. Es posible que proporcione a los machos cierta ventaja cuando «cuellean», es decir, cuando balancean sus cuellos uno contra otro con el objetivo, al parecer, de establecer su dominio (es bastante probable que, en los próximos años, se descubran más cosas sobre ese «cuelleo» que, en muchas ocasiones, culmina en actividad sexual entre los machos enfrentados. De hecho, la mayoría de las relaciones sexuales entre jirafas son homosexuales. Según un estudio, la monta entre machos representa el noventa y cuatro por ciento de todo el comportamiento sexual observado). Sea cual sea el motivo, tener semejante cuello tiene un precio. Cada vez que una jirafa se agacha para beber, con las patas extendidas, la sangre baja hacia la cabeza, por lo que la vena yugular tiene que cerrarse para evitar que se desmaye cuando vuelva a incorporarse. Incluso cuando el agua abunda, sólo beben cada pocos días. Da vértigo ser una jirafa.

Hay algo en estos animales que nos desquicia y fascina a partes iguales. En 1827, una jirafa entró en París. No era la primera de Europa (Lorenzo de Médici ya había llevado una a Italia en 1487 y los florentinos arriesgaban sus vidas asomándose a las ventanas de los segundos pisos para alimentarla), pero sí la más elegante. Vestida con una gabardina de dos piezas confeccionada a medida y bordada con flores de lis, fue un regalo del gobernante egipcio Mehmet Alí a Carlos X de Francia. Viajó, tanto en barco como a pie, durante más de dos años desde Sennar y llegó a París en pleno verano; allí se inclinó para comer pétalos de rosa de la mano del propio rey. Se la conocía como *la Belle Africaine, le bel animal du roi* y, sobre todo, como *la girafe*, porque al igual que Dios y el rey, sólo había una. Pasó a formar parte de la colección real, en un recinto con suelo de parqué pulido («un auténtico tocador para una damisela», escribió su cuidador) y los parisinos, que pasaban a miles a verla, se volvieron locos por las jirafas. Las tiendas se llenaron de porcelana, jabón, papel pintado, corbatas y vestidos con motivos de jirafa; los colores del año fueron «Vientre de jirafa», «Jirafa enamorada» y «Jirafa en el exilio». Aquella temporada, el peinado de moda en París fue vertical. Las mujeres se untaban el pelo con manteca de cerdo perfumada con azahar y jazmín, y se lo enrollaban para que parecieran los osiconos del venerado animal. Hubo noticias de mujeres que tuvieron que sentarse en el suelo de sus carruajes debido a la altura de su *coiffure à la girafe*.

Pero nos cansamos de todo, incluso de los milagros. Carlos X abdicó, su hijo reinó durante veinte minutos y *la girafe* sobrevivió a su fama. Murió, ya sin visitas, en 1845, la disecaron y la colocaron en el vestíbulo del Jardin des Plantes. Delacroix, que siempre creyó que era macho, fue a ver su cadáver y escribió que la jirafa había muerto «en una oscuridad tan absoluta como brillante había sido su llegada al mundo». Pero desde mi punto de vista, la alocada reacción parisina era la única razonable. Nunca debería haberse apagado; deberíamos seguir llevando el pelo en torres de treinta centímetros. ¿Por qué dejamos de hacerlo? La tierra es tan gloriosa e improbable que la jirafa, más extraña que un grifo mitológico y más espigada que una casa muy alta, nos ofrece el incomparable regalo de ser prueba de ello.

El
vencejo

El vencejo es un pájaro adaptado para el cielo como ningún otro. Pesa menos que un huevo de gallina, sus alas tienen forma de guadaña y su cola de tenedor, y come y duerme sin dejar de volar. Como material para sus nidos sólo utiliza aquéllo que encuentra en el aire, por lo que se han dado casos en los que se han visto mariposas aún aleteando entre las hojas y las ramas. Son las únicas aves que se aparean en breves colisiones en pleno vuelo, y para lavarse atraviesan nubes de lluvia suave con las alas bien extendidas.

Pero son incluso más impresionantes durante la noche. Los vencejos pueden entrar en un estado de sueño unihemisférico, es decir, son capaces de apagar la mitad de su cerebro, mientras la otra sigue funcionando, alerta a los cambios del viento, de modo que el ave se despierta justo en el mismo lugar donde se quedó dormida o, si está migrando, en el rumbo exacto que se fijó. El lado izquierdo se apaga primero y luego el derecho, por lo que se balancea un poco en el aire mientras duerme. Geoffrey Chaucer lo sabía mucho antes que nosotros. En *Los cuentos de Canterbury* escribió sobre pequeños pajaritos que «dormían toda la noche con los ojos abiertos». Y un piloto francés de la Primera Guerra Mundial, durante una misión de reconocimiento a la luz de la luna llena cerca de la cordillera de los Vosgos, vio una nube fantasmal de estas aves, al parecer flotando completamente inmóviles en el aire:

Cuando llegamos a unos tres mil metros [...] nos encontramos de repente en mitad de una bandada de pájaros que parecían inmóviles

o que, al menos, no mostraban ninguna reacción perceptible. Estaban
muy dispersos, a tan sólo unos cuantos metros por debajo del avión,
sobre un mar blanco de nubes. No había ninguno por encima de
nosotros. No tardamos en vernos rodeados por ellos.

En su momento, nadie lo creyó, sobre todo porque parecía algo imposible, pero es que el vencejo es un ave imposible.

Pertenece a la familia *Apodidae*, del griego *ápous*, «sin patas», porque en la Antigüedad se creía que no las tenían. Todavía no sabemos demasiado sobre ellos, porque son muy difíciles de capturar y estudiar, pero lo que sí sabemos es que tienen patas, aunque sean diminutas y débiles. Los especímenes adultos pueden caminar si es absolutamente necesario, pero los jóvenes no pueden y, si todo va bien, tampoco lo necesitan, porque en cuanto se tiran del nido, vuelan directos a África. Algunos no vuelven a posarse hasta pasados diez meses, otros hasta pasados dos o cuatro años y unos pocos no se posan nunca. Sabemos que, para prepararse para su gran vuelo, los polluelos fortalecen sus alas en el nido desde que tienen un mes, haciendo flexiones de plumas: levantan el cuerpo del nido presionando las alas hacia abajo, hasta que pueden mantenerse ahí, suspendidos, durante varios segundos. Una vez que lo logran, ya están listos.

Todavía no sabemos con absoluta certeza cómo saben con tanta seguridad adónde deben ir, pero sí sabemos que son muy rápidos. Son las más veloces de todas las aves en vuelo horizontal (un halcón peregrino puede superarlo en picado, pero no en carrera plana); la velocidad máxima registrada oficialmente es de 111,6 km/h, pero existen informes de que el vencejo mongol, que se encuentra en África y Asia, puede alcanzar los 170 km/h. Un vencejo vuela unos 200 000 kilómetros al año; la Tierra tiene una circunferencia en el ecuador de 40 075 kilómetros; por tanto, podría dar cinco vueltas alrededor de la Tierra al año. Sólo pensarlo ya resulta agotador, pero la verdad es que nunca he visto un vencejo que parezca agotado.

Su gran resistencia y su estridente grito nos han entusiasmado desde tiempos remotos. En heráldica, el vencejo es una de las inspiraciones de la merleta, ave estilizada sin patas que, incapaz de aterrizar, es símbolo de inquietud y persecución, de la búsqueda constante del conocimiento, la aventura y el aprendizaje. Se utilizaban en los escudos de armas como marca del cuarto hijo, partiendo de la base de que el primero recibía el patrimonio, el segundo y el tercero iban a la Iglesia, y el cuarto era libre para buscar su fortuna. Eduardo el Confesor, un rey con una moralidad tan alta que prácticamente levitaba, recibió a título póstumo en su escudo cinco merletas de oro, a juego con el sol tras el que vuelan.

La familia *Apodidae* es muy antigua; se separó del resto de aves hace unos setenta millones de años, por lo que son una especie lo bastante antigua como para haber tenido algún contacto con el *Tyrannosaurus*. Evolucionaron para tener ojos hundidos con pelitos delante a modo de gafas oscuras que les protegen del resplandor del sol ecuatorial. Hay más de cien especies, desde el diminuto rabitojo pigmeo, de apenas nueve centímetros y que sólo se encuentra en Filipinas, hasta el vencejo nuca blanca, de veinticinco centímetros de largo, silencioso cuando está solo y que no para de piar cuando se une a su bandada... ¡Cri, cri, cri!

Si ves un pájaro posado en un cable telefónico o un árbol, seguro que no es un vencejo. No son para nada sociables cantarines de alféizar ni tiernos pajaritos posados en el dedo de una princesa Disney. Vuelan en libertad, escurridizos como la suerte. Pero, al igual que la mayoría de los seres vivos, les iría mucho mejor sin nosotros; el único vencejo de Gran Bretaña, *Apus apus*, que acude al Reino Unido para aparearse, aún no está en peligro crítico de extinción, pero en las dos últimas décadas se ha producido un descenso del cincuenta por ciento en su número de crías. El *Apus apus* se aparea de por vida y vuela todos los años desde África al mismo lugar para anidar, por lo general en espacios bajo las tejas y en los aleros de casas y graneros viejos. Al derribar y sellar viejos edificios, no encuentran ningún lugar seguro donde poner sus huevos antes de que acabe la temporada de cría. También sufren el uso masivo de pesticidas industrializados y el calentamiento global, que afectan a la población de insectos; los vencejos sólo pueden comer lo que hay en el aire y un vencejo con polluelos necesita reunir hasta cien mil insectos al día, almacenándolos en lotes de mil en un bulto de su garganta. Y luego está nuestra propia hambre mortal, nuestra obsesión por darnos un festín a costa de otros. La sopa de nido de pájaro, que se cree que aclara el cutis y rejuvenece el cuerpo, requiere la recolección de una gran cantidad de nidos de vencejos, especie en peligro de extinción. En estos momentos, el grito de esta ave puede interpretarse como una advertencia o como una acusación mordaz y airada.

En la década de 1970, Ted Hughes escribió un poema de amor al vencejo. Refleja su gloria, su gran valentía en la carrera, aunque ahora se interprete de una forma algo diferente:

> *Lo han conseguido otra vez.*
> *Lo que significa que el mundo aún funciona, que la Creación*
> *sigue despertándose, renovada, que nuestro verano*
> *todavía está por llegar...*

El lémur

Es bastante probable que no sea buena idea aceptar consejos directos y sin filtrar del reino animal, pero creo que los lémures son una excepción. Viven en grupos matriarcales, con una hembra alfa a la cabeza. Cuando los lémures de cola anillada tienen frío o miedo, o quieren estrechar lazos, se agrupan en una masa peluda conocida como «bola de lémures», formando una esfera blanca y negra cuyo tamaño oscila entre el de un balón de fútbol y el de una rueda de bicicleta. Entrelazan sus colas y sus patas, y se acurrucan junto a los acelerados corazones del tamaño de una nuez de sus compañeros. Parece algún tipo de mandato: encuentra tu propia bola de lémures.

El primero con el que tuve contacto en la vida fue una hembra que trató de morderme, lo cual era justo, para empezar porque yo estaba intentado tocarla y, después, porque los humanos no han hecho nada para ganarse su favor. Era un lémur hembra indri que vivía en un santuario de fauna salvaje a las afueras de la capital de Madagascar, Antananarivo; tenía un bebé, que no llevaba delante, como lo haría una madre mono, sino sobre la espalda, como un Lester Piggott en miniatura. Tenía unos grandes ojos amarillos. William Burroughs, en su novela ecosurrealista centrada en los lémures *El fantasma accidental*, describió los ojos de este animal como «de diferentes colores en función de la luz: obsidiana, esmeralda, rubí, ópalo, amatista, diamante». La mirada de esta indri se parecía a la de un joven químicamente mejorado en un club nocturno que se muere por contarte su ideología, pero su pelaje era lo más suave que he tocado nunca. Yo era una niña y la indri, que es la especie más grande que existe, me llegaba a la altura de las costillas, de pie sobre sus patas traseras. Como todos los lémures, parecía un cruce entre un mono, un gato, una rata y un humano.

Son seres extraños, de la misma forma que lo son los reclusos y los ricos; al haber tenido toda la isla de Madagascar en exclusividad para evolucionar, tienen hábitos idiosincrásicos. Los lémures de cola anillada machos tienen glándulas odoríferas en las muñecas y participan en «luchas apestosas», batallas en las que se colocan a medio metro de distancia y se limpian las manos en la cola, para luego azotar a su oponente con ella, manteniendo todo el tiempo una mirada agresiva hasta que uno u otro animal se retira. No parece más loca que la mayoría de las formas actuales de diplomacia. No es nada raro que los lémures hembra de cola anillada abofeteen a los machos cuando se ponen agresivos.

En Madagascar hay, al menos, 101 especies y subespecies; antes había lémures del tamaño de un hombre pequeño, pero tras la llegada de los humanos a la isla hace dos mil años, los más grandes fueron cazados hasta su extinción. En el extremo más pequeño de la escala se encuentra el lémur ratón de Berthe, el primate más pequeño del mundo, que pesa treinta gramos de media y que, estirado al máximo, cabría en tu mano. En un punto intermedio está el lémur ratón gigante norteño, cuyos testículos suponen el cinco coma cinco por ciento de su masa corporal; las proporciones equivalentes en un hombre serían testículos del tamaño de pomelos. Vistos desde abajo, resultan extraños, a veces bonitos y, en ocasiones, desconcertantes.

El lémur hembra indri hizo bien al intentar morderme, más incluso de lo que ella misma podría imaginar. La llegada de los primeros humanos a la isla erradicó al menos quince especies de lémures. En estos momentos, debido en gran parte a la deforestación, veinticuatro especies están en peligro crítico, cuarenta y nueve en peligro, y el noventa y cuatro por ciento de todas las especies están amenazadas. Hasta hace poco, existía un fuerte tabú en cuanto a la caza de este animal. Las tradiciones rurales consideraban que comer su carne era horroroso, sólo superado por comer carne humana; algunas historias contaban que los lémures eran antepasados humanos que se habían perdido en la selva malgache y se habían transformado para sobrevivir. Otras historias contaban que un hombre evitó una muerte segura cuando, al caer de un árbol, un lémur indri lo atrapó al vuelo y lo depositó sano y salvo en el suelo. Fueron la pobreza y la desesperación las que acabaron con el tabú. Los hogares rurales en los que se consumía lémur eran aquellos en los que los niños estaban más desnutridos. Como suele ocurrir, una vía clave para la conservación sería buscar con urgencia formas de ayudar a la nutrición infantil y así, como subproducto, erradicar la necesidad de cazar criaturas en peligro de extinción.

Por desgracia, los mitos no han salvado a los lémures. Y cuando dotamos a algo o a alguien de poderes místicos solemos acabar matándolo. En algunas zonas se cree que el lémur aye-aye es capaz de profetizar la muerte; tiene ojos inmensos, orejas grandes y sensibles, y un dedo corazón el doble de largo que el resto de los dedos; cuando el aye-aye señala con su dedo corazón a una persona, se considera que está maldita. Otra historia cuenta que utiliza el dedo largo para perforar corazones humanos.

Por eso son tan poco apreciados y se los cazaba de manera tan implacable que se creían extinguidos hasta que fueron redescubiertos en 1961. La palabra *lémur* procede del latín *lemures*, que significa «fantasmas». Es posible que varias subespecies se acaben convirtiendo justo en eso, en historias sólo conservadas dentro de cien años en forma de fotografías y especímenes disecados que no paran de acumular polvo.

Quizás el hecho más sorprendente de todos es que los lémures hayan sobrevivido hasta hoy. Madagascar formó parte de Gondwana hasta hace 180 millones de años, cuando el supercontinente empezó a dividirse y la isla comenzó a desplazarse hacia el este de África. Pero los primeros fósiles parecidos a lémures datan de hace entre 62 y 65 millones de años, y aparecieron en el África continental. Entonces, ¿cómo llegaron los lémures a Madagascar? Existen muchas teorías, entre ellas la de los saltos de isla y los puentes terrestres, pero la que predomina es la que afirma que los lémures llegaron allí a la deriva sobre balsas flotantes de vegetación. La isla también siguió a la deriva, de modo que cuando los monos evolucionaron lo suficiente como para erradicar a los lémures del continente gracias a su mayor capacidad de adaptación y agresividad, hace entre 17 y 23 millones de años, Madagascar quedó fuera de su alcance. He visto muchas cosas que me han encantado, pero no creo que viva lo suficiente como para ver algo tan bonito como una balsa llena de lémures, navegando por el mar hacia lo que parecía, hasta la llegada de los humanos, un lugar seguro.

El cangrejo ermitaño

Puede que un cangrejo ermitaño se comiera a Amelia Earhart. Tras la desaparición de esta pionera de la aviación en 1937, la marina estadounidense captó, durante cinco noches, señales de socorro procedentes de Nikumaroro, una isla deshabitada del Pacífico Occidental. Cuando un equipo de rescate consiguió llegar una semana después (tardaron un poco porque tuvieron que cargar los aviones en barcos), estaba desierta. Pero, desde entonces, los investigadores del lugar han descubierto huesos humanos del tamaño de Earhart. Otro equipo posterior descubrió el cristal hecho añicos de un espejo compacto de mujer, unos cuantos copos de colorete y un bote de crema antipecas (se sabe que la piloto odiaba sus efélides). Estos huesos se enviaron a analizar, pero se perdieron por el camino y, a menos que se encuentren, nunca sabremos con total certeza si pertenecieron a la valiente aviadora con cara de león. Sólo se encontraron trece huesos y el cuerpo humano tiene 206, así que, si eran los de Earhart, ¿dónde están los otros 193?

Puede que se hicieran mil pedazos. Nikumaroro alberga una colonia de cangrejos de los cocoteros, el más grande del mundo, llamado así por su capacidad para abrir un coco, introduciendo una pinza en uno de los tres orificios de la fruta y haciendo palanca. Los más viejos viven más de cien años y llegan a medir hasta un metro de largo, demasiado grandes como para caber en una bañera, pero con el tamaño perfecto para protagonizar tus pesadillas. En 2007, unos investigadores decidieron poner a prueba la «teoría Earthart». Se ofreció el cadáver de un cerdo pequeño a los cangrejos de la isla, para comprobar qué podrían haber hecho con el cuerpo muerto o moribundo de Earhart. Siguiendo su extraordinario olfato, encontraron al cerdo y lo despedazaron para luego huir con sus huesos a sus madrigueras bajo las raíces de los árboles. Su fuerza es monumental; pueden llegar a generar hasta 3300 newtons (la fuerza de mordedura de un tigre es de 1500 newtons) con sus pinzas. Darwin los calificó de «monstruosos», dicho a modo de cumplido.

Pero incluso los monstruos empiezan siendo pequeñitos. Algunos cangrejos ermitaños son terrestres y otros viven en el mar, pero todos empiezan siendo microscópicos, sumergidos bajo el agua. Una vez liberados como huevos en el océano, eclosionan como larvas poco atractivas (aunque, ¿qué larvas son atractivas?) y sólo tras varios meses son lo bastante grandes como para habitar la concha vacía más pequeña que puedan encontrar. A medida que van creciendo, pasan de un caparazón reutilizado a otro, sobre todo de caracol marino, aferrándose a su columela con las pinzas que tienen en el abdomen. Cuando se desprenden de sus exoesqueletos, liberan al mar un cangrejo flotante semitransparente, un fantasma. Con el tiempo, el cangrejo de los cocoteros deja atrás todos los caparazones y empieza a vivir «desnudo» en tierra, pero la mayoría de las 1100 especies de cangrejos ermitaños viven en casas prestadas toda su vida.

Lo curioso es que los cangrejos ermitaños no son para nada ermitaños; son sociables, a menudo se suben unos encima de otros para dormir en grandes montoneras, y su comportamiento en grupo está tan medido que hacen que la política de las cortes renacentistas parezca simplista. Cuando un cangrejo encuentra un caparazón nuevo, se mete en él y se lo prueba. Si es de buena calidad, pero demasiado grande, espera cerca a que otro cangrejo venga a inspeccionarlo. Si a ese cangrejo también le parece demasiado grande, se une al primero, agarrándose a su pinza, hasta formar una fila que puede llegar a alcanzar los veinte cangrejos, ordenados por tamaño, de menor a mayor, unidos en un auténtico coro de *ballet*. Cuando por fin llega un cangrejo que puede ocupar el caparazón vacante, el siguiente cangrejo de la fila reclama el antiguo caparazón del recién llegado y se produce una avalancha de cangrejos que trepan a la casa de su vecino. Dado que su abdomen es blando y vulnerable a los ataques mientras está expuesto, todo el proceso se desarrolla con una rapidez asombrosa.

Pero no sólo son recicladores de viviendas, sino también grandes renovadores. El cangrejo ermitaño de la anémona se llama así porque arranca anémonas del fondo marino y las pega a su caparazón, donde sus tentáculos urticantes le ofrecen protección y camuflaje frente a los pulpos depredadores. La anémona, como contrapartida simbiótica, consume los restos de comida del ermitaño mientras flotan. Cuando llega el momento de mudarse a un caparazón más grande, el cangrejo, no sin cierta dificultad, pero con gran perseverancia, arranca sus anémonas del viejo caparazón y las fija al nuevo.

Los cangrejos ermitaños caribeños y ecuatorianos, por su pequeño tamaño y sus pedúnculos oculares u omatóforos, son curiosos y amables, y se suelen vender como mascotas con la excusa de que son fáciles de cuidar. Los vendedores pintan sus caparazones con colores brillantes, lo que los envenena poco a poco. Muchos, al necesitar una humedad densa para respirar, se asfixian en sus tanques. En las playas, el plástico los atrapa y los mata. Tampoco están a salvo en el mar; algunos viven a más de dos mil metros de profundidad, pero nuestra contaminación los alcanza incluso allí. El cangrejo de los cocoteros corre peligro de extinción en gran medida porque se cree que su carne es afrodisíaca. Esta creencia, al igual que en el caso de las garras de tigre y el cuerno de rinoceronte, demuestra una gran vulnerabilidad humana y suficiente estupidez como para destruir ecosistemas enteros (de hecho, la suma total de afrodisíacos naturales, entendidos como estimulantes sexuales no médicos, es cero. Históricamente, hemos optado por creer que hay poderes afrodisíacos en a) lo que es raro, exótico, nuevo o caro, b) los alimentos cargados de especias, que aceleran el metabolismo y aumentan el calor corporal, c) los alimentos que parecen un pene o una vagina, o d) los alimentos que sí son un pene o una vagina, o huevos y similares. Las ostras, por ejemplo, se componen en gran parte de agua, proteínas, sal, zinc, hierro y pequeñas cantidades de calcio y potasio; no son más afrodisíacas que una cápsula de vitaminas sumergida en agua salada, pero tienen un aspecto sugerente. En el pasado también hemos relacionado potencia sexual, de forma aleatoria, con el chocolate, los espárragos, las zanahorias, la miel, las ortigas, la mostaza y los gorriones. En el siglo XIII, el santo alemán Alberto Magno postuló que se podía triturar carne de tejón y espolvorearla sobre la comida para conseguir un erotismo instantáneo. Para Shakespeare, la patata era rara y exótica, y la idea generalizada era que tenía cualidades afrodisíacas: En *Las alegres casadas de Windsor*, Falstaff dice: «Que el cielo llueva patatas, que truene, con música de "Mangas verdes", confites para perfumar el aliento y raíces de eringio: que lance una tormenta de provocaciones». Si todos pudiéramos volver a eso, a la patata —o, incluso, a la Viagra, que ha sido de gran ayuda para las especies en peligro de extinción—, cuánto nos ahorraríamos).

La mayoría de los cangrejos ermitaños son asimétricos; tienen diez patas, pero la pinza delantera izquierda es más grande para defenderse y la delantera derecha es más pequeña, para recoger la comida, con la que no son quisquillosos: algas, plantas u otros cangrejos muertos. Bajo sus caparazones, sus extremos traseros se retuercen sobre sí mismos, formando una especie de tobogán en espiral. Y son de una belleza fuera de lo común: el cangrejo de la anémona enjoyado tiene unos impactantes ojos color esmeralda, sobre unos pedúnculos de rayas rojas y blancas que se asemejan a los postes de las barberías. Pueden ser de color gris marino o púrpura real; el cangrejo ermitaño gigante de puntos blancos es naranja con puntos blancos ribeteados de negro; el cangrejo costero amarillo es de rayas amarillas y de color crema, con abundantes pelos en las patas y los ojos en pedúnculos azules. De cerca, incluso los cangrejos de los cocoteros son bonitos: algunos son de color aguamarina en las articulaciones, otros de marrón intenso con el dorso naranja oscuro. Una auténtica parada de los monstruos, pero que crean tendencia.

Los cangrejos ermitaños pueden, si es necesario, instalarse casi en cualquier lugar. Se han encontrado en latas de conserva y en mitades de cocos. La familia *Pylochelidae* evolucionó para construir su hogar no en conchas, sino en esponjas marinas, piedras, madera de deriva o trozos de bambú. En estos días oscuros, cada vez admiro más el ingenio. Me encanta su tenacidad, esa forma de forjar sus vidas en los caparazones de los muertos, de construir hogares con los escombros que el mundo, en su caso, ha ido dejando tras de sí.

La
foca

Hubo un tiempo en que, si pasabas por delante de un estanque concreto de Maine, una foca podía acosarte. «¡Ven aquí!», se oía, con un marcado acento de la zona. Se llamaba Hoover, había sido adoptada en los años setenta como cría huérfana por un pescador de langostas llamado George Swallow y hablaba inglés. «¿Qué estás haciendo?» y «¡Hola!». George hablaba con la foca todo el tiempo, la llamaba y la acariciaba. Hoover, bautizada así porque aspiraba (*hoover* en inglés) el pescado, se le echaba encima todas las mañanas y le daba «besos» en la cara. Al final, cuando sus necesidades de peces se hicieron demasiado caras para los Swallow, la entregaron a un acuario. George aseguró a los asistentes que el animal podía hablar, pero, ante sus cejas arqueadas y sus caras de escepticismo, ni se inmutó. Hoover, aturdida por su nuevo entorno, guardó silencio durante varios años, pero una vez que se decidió a hablar, ya no paró durante el resto de su vida. Nunca se la pudo convencer de que hablara cuando se le pedía, pero hay una grabación de ella, diciendo con voz gutural: «hola, hola, ven aquí». Resulta que las focas tienen una sorprendente capacidad para aprender idiomas. Científicos de la Universidad de St. Andrews (Escocia) han enseñado a sus focas a cantar *Twinkle, Twinkle, Little Star*.

Incluso las que no hablan pueden parecer humanas cuando lloran. En *Moby Dick*, publicado en 1851, el barco navegaba sobre aguas de las que surgió «un grito tan plañideramente salvaje y sobrenatural» que la tripulación se quedó inmóvil, paralizada. «La parte cristiana o civilizada de los tripulantes dijo que eran sirenas, y se estremecieron [...]. Sin embargo, el encanecido hombre de Man —el más viejo de todos los marineros— declaró que los locos ruidos estremecedores que se oían eran las voces de hombres recién ahogados en el mar». Sólo Ahab esbozó una risa hueca y «explicó así el prodigio»:

esas islas rocosas que había pasado el barco eran refugio de grandes números de focas, y algunas focas jóvenes que habrían perdido a sus madres, o algunas madres que habrían perdido a sus cachorros, debían haberse acercado al barco, acompañándole, con gritos y gemidos de los suyos, que parecen humanos. Pero esto no hizo sino afectarles aún más a algunos de ellos, porque la mayor parte de los marineros abrigan un sentimiento muy supersticioso sobre las focas, no sólo por sus peculiares ruidos cuando están en apuros, sino también por el aspecto humano de sus cabezas redondas y seminteligentes, al verse asomando a atisbar, en las aguas junto al barco.

Según Ahab: «En ciertas circunstancias, en el mar, se han tomado más de una vez a las focas por hombres».

Hoover era una foca de puerto, una de las más comunes de las treinta y tres especies que existen en el mundo (formalmente, deberíamos llamarlas pinnípedos, del latín *pinna*, aleta, y *pes*, pie). La mayoría vive en aguas árticas y antárticas; entre ellas, la foca arpa, que en la edad adulta puede ser gris, moteada o plateada, pero no de ese tipo de color «plata» que parece agua de fregar los platos, sino de auténtica plata bruñida. Las crías nacen en el hielo, teñidas de amarillo chillón por el líquido amniótico, pero una vez limpias, son blancas como la nieve hasta la primera muda. Tienen unos ojos redondos y negros que, si fueran humanos, cautivarían a todo Hollywood. Suelen ser madres impresionantes, atentas, valientes y susceptibles de morderte si te cruzas en su camino, pero la maternidad de las focas arpa es, cada vez más, una carrera contrarreloj. En cuanto su prole llega al mundo, comienza una cuenta atrás para destetarla y prepararla para nadar antes de que se derrita el hielo. Para conseguirlo, la leche materna tiene un cincuenta por ciento de grasa, la consistencia de la mayonesa (el helado más denso que se puede encontrar tiene un quince por ciento; la leche humana, un cuatro por ciento), lo que permite a las crías duplicar su peso corporal en cuestión de días. Entonces, la madre la acompaña al agua y utiliza su vientre a modo de flotador para que la cría pueda descansar. Sólo tarda unos minutos en aprender, pasando de algo de agitación y un poco de pánico a nadar con fluidez. Pero el cambio climático, que altera la respiración y circulación del hielo, está dificultando su supervivencia. Durante los últimos treinta años, hemos perdido más del trece por ciento del hielo marino del Ártico por década. El hielo refleja el calor del sol, lo que ayuda a estabilizar el clima, mientras que las aguas abiertas lo absorben. En 2017, en el golfo de San Lorenzo, se rompió a tal velocidad que todas las crías de una colonia de focas arpa se ahogaron de la noche a la mañana. Tanto esfuerzo para producir vida, muerto. A medida que el hielo se vaya derritiendo, habrá cada vez menos lugares donde las colonias puedan refugiarse.

Las rarezas de la familia de las focas son tan monumentales como su belleza. Las focas de casco macho, por ejemplo, tienen una cavidad nasal que les permite inflar lo que parece un globo rojo y carnoso del tamaño de un balón de fútbol desde la nariz para intentar ahuyentar a los rivales que buscan aparearse con sus parejas. El carnívoro más pesado del mundo, el elefante marino o foca elefante, pesa hasta cuatro mil kilos, más o menos lo mismo que un camión de plataforma, y aunque en playas y bahías tienen la misma elegancia que un corrimiento de tierra, bajo el agua se mueven con la seguridad y claridad de un atleta. A pesar de que ninguna foca puede respirar bajo el agua, los elefantes marinos son capaces de sumergirse a más de dos kilómetros de profundidad, y sus altos niveles de mioglobina, que ayuda a almacenar oxígeno en los músculos, les permiten aguantar la respiración hasta dos horas. Algunas tienen un toque menos hollywoodense y más de actor de reparto; las focas barbudas lucen un poblado bigote blanco sobre fondo gris, lo que hace que tanto machos como hembras parezcan estadistas veteranos cuando están mojadas o, cuando los bigotes están secos y se rizan hacia arriba, un clan de mosqueteros libertinos. Otras serían la envidia de los artistas abstractos; las focas franjeadas hacen gala de gruesos círculos y franjas geométricas blancas que les hacen parecer cuadros ambulantes de Malevich; las focas monje del Mediterráneo dan a luz crías negras como el carbón, con pictóricos borrones de blanco en el vientre, aunque no se sabe muy bien por cuánto tiempo más. En estos momentos, la población mundial asciende a unos cientos de ejemplares.

Debido a sus rostros tan atentos, tan capaces de patetismo y picardía, no es de extrañar que las primeras sagas nórdicas mostraran cierta ambivalencia sobre lo que sabían y no sabían, sobre lo que podían y no podían hacer. En la *Saga de Laxdæla*, del siglo XIII, un guerrero, *Þóroddr*, navegaba en un barco sobrecargado para reclamar nuevas tierras, cuando «vieron una foca, mucho más grande que la mayoría, nadando en las aguas cercanas. Nadaba alrededor del barco, con aletas inusualmente largas y a todo el mundo a bordo le llamaron la atención sus ojos, semejantes a los de un ser humano». Los guerreros intentaron matarla, pero consiguió esquivarlos. Instantes después, «se desató una gran tormenta que hizo zozobrar el barco. Todos a bordo se ahogaron excepto un hombre». La foca había predicho o causado su muerte.

La más escurridiza y sobrenatural de todas es la *selkie*, un ser mitológico que puede cambiar de forma entre humano y foca a voluntad. En las historias más extendidas, que se pueden oír desde las islas Orcadas y las Shetland hasta Islandia y las Islas Feroe, la *selkie* se despoja de su piel de foca en la orilla para caminar desnuda por la tierra. Un hombre, enamorado de su esbelta belleza, le roba la piel y la obliga a convertirse en su esposa. Tienen hijos, pero ella llora y añora siempre el océano y, en cuanto encuentra la piel, se la pone y se escapa al agua, dejando atrás a sus hijos en favor del mar. Otras historias de *selkies* son al revés y son las mujeres *selkie* de las Shetland las que atraen a los terratenientes a las olas para nunca más volver a tierra firme. Los *selkies* masculinos son exquisitos en su forma humana y las *selkies* femeninas asombran por su belleza; nadie se puede resistir a ellos, porque tienen dentro el poder del mar. La balada *The Grey Selkie of Sule Skerry* cuenta la historia de una mujer que, cuando se lamenta por no conocer el paradero del padre de su hijo, de repente surge de la espuma del mar un *selkie* que lo reclama:

> *Soy un hombre en la arena.*
> *Soy un selkie en el mar.*
> *Y cuando estoy lejos de escena,*
> *en Sule Skerry suelo morar.*

Una vez, mientras nadaba en el Mar del Norte frente a Stiffkey, en Norfolk, un grupo de focas de puerto surgió del agua. Ninguna retrocedió; de hecho, algunas avanzaron. Estar sumergida en agua helada, bajo eternos cielos grises, con su eterna belleza gris, fue para mí toda una experiencia religiosa. En su presencia, es muy fácil comprender por qué siempre las hemos considerado seres cantarines, sabios y atentos.

El
OSO

E l poeta renacentista John Donne tenía la teoría de que los oseznos nacen como sólidos trozos de carne que su madre muerde y lame hasta moldearlos. La idea se remonta a la *Historia Naturalis* de Plinio:

> *[...] Éstas consisten en una carne blanca e informe, un poco mayor que los ratones, sin ojos, sin pelo; sólo sobresalen las garras. La madre les va dando forma, poco a poco, lamiéndolas. Y no hay nada más raro que ver parir a una osa, pues los machos se ocultan cuarenta días y las hembras cuatro meses.*

La imagen aparece varias veces en la obra de Donne, la más memorable, como advertencia de que no debemos, llevados por el amor, devorar partes del otro:

> *El amor es como un osezno: si lo lamemos en exceso*
> *y los forzamos a adoptar formas nuevas y extrañas,*
> *nos equivocamos, y de una simple masa hacemos un monstruo.*

No fue el único al que le gustó la imagen. El dramaturgo George Chapman también la utilizó para describir una mala idea a medio formar: «No, creo que todavía no ha lamido a su osezno hasta su forma definitiva». Shakespeare también utilizó la misma imagen en *Enrique VI, Parte 3*, cuando Gloucester dice «como un caos, o un osezno sin lamer». Fue el polímata aguafiestas del siglo XVII Thomas Browne quien desacreditó la teoría en su *Pseudodoxia*: «Que una osa da a luz a sus crías amorfas, a las que moldea lamiéndolas, es una opinión no sólo vulgar y muy extendida entre nosotros en la actualidad, sino que además se ha transmitido desde la Antigüedad por los escritores clásicos». Browne ofreció una explicación racional del mito:

Ahora bien, como la opinión repugna tanto al juicio como a la razón, es probable que haya tenido algún leve fundamento. Así, el osezno sale envuelto en el corion, una membrana gruesa y dura que oculta su constitución, y que la madre muerde y desgarra después; el observador, a primera vista, lo percibe como un bulto de carne burdo y amorfo, e imputa la forma resultante a los mordiscos de la madre.

Mucho antes de que se creara su primera versión de peluche en 1902, ya habíamos querido rodearnos de osos, por su enorme volumen, su belleza y sus dientes. En 1251, el rey de Noruega regaló a Enrique III de Inglaterra un «oso blanco», es decir, un oso polar que metió en la Torre de Londres y al que se permitió cazar peces en el Támesis. En 1609, una expedición inglesa al Ártico se topó con «una osa y sus dos crías. El capitán Thomas Welden disparó y mató a la madre, y nos llevamos a las dos crías de vuelta a Inglaterra, donde ahora viven en el Jardín de París». Fueron puestos a cargo de Edward Alleyn, uno de los grandes actores de la época, que hacía las veces de maestro de los Osos Reales. Cuando, el día de Año Nuevo de 1611, se representó ante el rey *The Masque of Oberon*, de Ben Jonson, un joven príncipe Enrique de dieciséis años, con el rostro pálido y exquisitamente vestido, subió al escenario de Whitehall en una carroza tirada por las dos crías de oso polar. Pero ninguno convivió tan estrechamente con sus osos como Lord Byron, quien, furioso porque los estatutos del Trinity College de Cambridge le prohibían tener un perro en su habitación, se compró un oso. En 1807, escribió a un amigo: «Tengo un nuevo amigo, el mejor del mundo, un oso domesticado. Cuando lo traje, me preguntaron qué pensaba hacer con él y mi respuesta fue: "presentarlo para una beca"».

Son una especie de grandes sorpresas. El oso pardo Kodiak es un prodigio de crecimiento: al nacer, un osezno pesa menos de quinientos gramos (una barra de pan pequeña), pero puede acabar superando los 680 kilos; si creciéramos al mismo ritmo, un hombre adulto pesaría lo mismo que un rinoceronte. Su olfato es cien veces mejor que el nuestro: un oso polar puede olerte a treinta kilómetros de distancia y nadar sin descanso 160 kilómetros, es decir, la distancia entre Inglaterra y Francia cinco veces. En el caso de las especies que hibernan, pueden ralentizar sus funciones vitales y pasar más de cien días sin comer, beber ni orinar; su ritmo cardiaco pasa de 40 latidos por minuto a tan sólo ocho, respirando una vez cada cuarenta y cinco segundos. Y lo que es más asombroso todavía, sus cuerpos se convierten en auténticas plantas de reciclaje que transforman la urea en proteínas y, en su ano, se forma un prolijo tapón, probablemente para impedir que defequen en la madriguera.

El oso con el origen mitológico más sofisticado es, quizá, el panda. Según la historia que se cuenta a los niños, tanto en China como en el Tíbet, hace mucho tiempo, a una pastora que guardaba sus ovejas se le unía cada día una cría de panda. En aquellos primeros tiempos, todos los pandas eran blancos como la nieve, por lo que era posible que el pobre animalito pensara que las ovejas eran otros pandas. Un día, mientras el osezno jugueteaba con los corderos, un leopardo quiso atacarlo. La pastora se interpuso en su camino y la mató. El panda y su familia acudieron, tristes, al funeral de la joven y, en señal de respeto, se cubrieron los brazos con ceniza negra, como era costumbre. Durante el sepelio, no pudieron evitar llorar y, al secarse los ojos con las patas, se los mancharon de negro. A medida que su llanto se hacía más fuerte, se tapaban los oídos para no tener que oír sus propios sollozos. La ceniza nunca se fue y, de este modo, quedaron marcados para siempre con signos de su amor y su dolor, de su lealtad permanente a la valentía.

Los osos son tan grandes que los hemos usado para sentirnos conquistadores. En la Inglaterra isabelina, cerca del río, junto a los burdeles (algunos grandiosos con sus fosos y banderas, aunque otros no tanto) y los teatros, los vendedores de cacahuetes y las tabernas, estaban los recintos de hostigamiento de osos. Se encadenaba un pobre animal por la pata o el cuello a una estaca en medio del *ring* y se le azuzaba una jauría de perros. Uno de los cortesanos de Isabel I asistió, entusiasmado: «era un deporte muy agradable de ver [...]. El oso, con sus ojos rosados, debatiéndose ante la proximidad del enemigo, [...] avanzaba y retrocedía entre mordiscos, garras, rugidos, sacudidas y volteretas. Y una vez libre [...], sacudía las orejas dos o tres veces con la sangre, densa, colgando de su fisonomía». Rara vez se dejaba morir a los osos (eran demasiado valiosos como para perderlos), más bien se les hacía luchar una y otra vez, hasta que eran conocidos por todo Londres: «Harry el Manso», «Sampson» y una osa llamada «Boss». Pero había excepciones a la norma. El año anterior a su carroza de osos polares, el príncipe Enrique fue a la Torre de Londres con sus padres para ver a «un gran oso feroz que había matado a un niño al que, por descuido, habían dejado dentro de la casa de los osos». El rey quería verlo enfrentarse a su colección de leones, pero los leones, aterrorizados, se negaron a luchar. Así que el oso fue despedazado por un grupo de mastines y la madre del niño muerto recibió 20 libras de lo recaudado por las entradas.

En el siglo XVIII, se tuvieron que enfrentar a otro tipo de hambre humana: nuestro ardiente deseo de belleza. La grasa de oso era el cosmético de lujo del momento, el Chanel n.º 5, el Vidal Sassoon. Se decía que curaba la calvicie y hacía relucir las pelucas de las clases altas. La mayor parte de esta grasa era, en realidad, grasa de cerdo teñida de verde, pero algunos comerciantes tenían osos en jaulas fuera de sus tiendas para demostrar su buena fe. Los clientes más ricos se reunían para ver cómo se extraía la grasa directamente del cadáver, a modo de garantía de que estaban recibiendo un producto auténtico. Un barbero emprendedor afirmó tener cuarenta osos vivos en su sótano para ese fin. El ruido, y el olor, debían de hacer de las visitas a sus instalaciones un absoluto placer.

Una pregunta habitual entre los niños es: ¿quién ganaría en una pelea, el hombre o el oso? Pues depende del día. En todo el mundo, se registran unos cuarenta ataques de osos al año, pero menos del veinte por ciento son mortales (muchísimos menos que las personas que mueren al año por caídas de televisores, cortacéspedes defectuosos o máquinas expendedoras que vuelcan). En ocasiones, ninguna de las partes gana. En 1883, un periódico de Kansas publicó:

> *El cuerpo de Frank Devereaux ha sido encontrado en el bosque, a unos trece kilómetros de Cheboygan, Michigan. Las pruebas recogidas indican que murió en un enfrentamiento con un oso, que resultó fatal para ambos, ya que el cuerpo del animal también se encontró cerca del hombre muerto. El cuerpo fue terriblemente mutilado en la contienda y se han encontrado marcas de unos seis metros en el suelo, lo que demuestra que la lucha debió de ser horrible.*

Lo que se suele aconsejar en estos casos es que, si un oso pardo te ataca, te hagas el muerto; si es un oso negro, intenta parecer lo más grande que puedas y ruge; en ambos casos, nunca huyas. Es un consejo que requiere una sangre fría fuera de lo común frente a semejantes dientes.

Sin embargo, en esa pugna más amplia que mantenemos osos y humanos, esa en la que absolutamente nadie quería entrar, pero en la que todos estamos metidos, vamos ganando. De las ocho especies de osos, seis están en peligro o en vías de extinción: el oso negro americano y el oso pardo se las arreglan bastante bien, pero no el oso tibetano, el oso perezoso, el oso andino de anteojos, el oso malayo, el oso polar ni el panda gigante, con esas extremidades que parecen lenta y desgarbada poesía en movimiento.

Con el objetivo de que bailen, se entrena a los osos perezosos sobre placas de metal calientes con los pies untados de vaselina cuando son cachorros; los osos polares intentan sobrevivir sobre hielo derretido. Miles de osos tibetanos y malayos están encerrados en jaulas, ordeñados por su bilis en granjas legales e ilegales. El comercio de bilis de oso, que se utiliza para disolver cálculos biliares (a diferencia de muchos remedios tradicionales, es eficaz) y para ayudar con la fiebre y limpiar el hígado, mueve unos 2000 millones de dólares. Cuesta mucho recordar lo urgente que es proteger algo cuando también podría matarte.

La mejor dirección de escena jamás escrita es la de Shakespeare en *Cuento de invierno*: «Sale, perseguido por un oso». ¿Habría uno de verdad en el escenario? Lo más probable es que no, que sólo fueran grandes rugidos fuera de la vista del espectador o actores disfrazados con su piel. Pero seguro que los osos no andarían lejos, escuchando, esperando a los perros que les azuzaban, sólo para satisfacer nuestro deseo de ver algo tan grande, tan fiero y tan hermoso ponerse en pie y rugir.

El
narval

En 1584, Iván el Terrible pidió desde su lecho de muerte su cuerno de unicornio, un bastón real «adornado con diamantes, rubíes, zafiros y esmeraldas». En toda Europa se creía que los cuernos de unicornio tenían propiedades curativas mágicas; todavía en 1789 se utilizaba una copa de cuerno de unicornio como protección de la corte francesa, porque se decía que rezumaba y cambiaba de color en presencia de veneno. Para probar la eficacia del cuerno, Iván ordenó a su médico que rascara un círculo en la mesa con la punta del cuerno y que «buscara unas cuantas arañas». Las que se colocaron dentro del círculo se hicieron una bola y murieron, mientras que las puestas fuera huyeron y sobrevivieron. Sin embargo, las arañas muertas no fueron de gran consuelo para Iván. «Es demasiado tarde para mí, no me salvará», dijo. Y entonces murió.

El cuerno de unicornio era, por supuesto, un colmillo de narval, es decir, el diente de una pequeña ballena ártica que crece a través del labio superior, girando en sentido contrario a las agujas del reloj hasta alcanzar los dos metros y medio. Los narvales, cuyo nombre se deriva de la palabra del nórdico antiguo *nar*, que significa «cadáver», y *hvalr*, «ballena», por sus manchas grises, son unicornios no sólo por sus apéndices, sino también por ser muy escurridizos; son uno de los mamíferos de los que menos sabemos. Pasan los meses de invierno esquivando los densos bancos de hielo, donde los humanos no podemos seguirlos, y pueden sumergirse a un kilómetro y medio de profundidad, girando boca abajo mientras descienden a la más absoluta oscuridad.

El gran misterio del narval es la finalidad de su colmillo. Aparece cuando la cría tiene alrededor de un año, del tamaño de un dedo meñique, y va creciendo durante casi diez años hasta alcanzar una anchura de veinticinco centímetros en la base. Herman Melville escribió sobre la «ballena de nariz» en *Moby-Dick*: «Algunos marineros me dicen que el narval la usa a modo de rastrillo para revolver el fondo del mar en busca de alimento. Charley Coffin decía que se usaba como rompehielos [...]. Pero no se puede demostrar que sea correcta ninguna de esas hipótesis». Termina sugiriendo que sería un excelente abrecartas. El hecho de que menos del quince por ciento de las hembras de narval tengan colmillo hace pensar que no debe de ser necesario para la supervivencia, por lo que, al ver a narvales machos chocando los colmillos, se interpretó como una justa entre rivales. Sin embargo, hace poco los científicos han descubierto que el colmillo está atravesado por unos diez millones de terminaciones nerviosas y, al frotarlos los unos contra los otros, los narvales pueden estar transmitiendo información sobre la salinidad (y, por tanto, la propensión a la congelación) del agua por la que acaban de pasar; por lo tanto, no son agresores, sino más bien cartógrafos. Otros han sido vistos utilizando el cuerno como una especie de arma piscícola, para aturdir a los peces en el agua antes de comérselos. También pueden ser una ayuda para el cortejo; se ha descubierto una correlación positiva entre el tamaño de los testículos y la longitud de los cuernos, por lo que, para los narvales machos más fértiles, puede ser una forma de anunciarse.

El diseño del narval es excelente. Para conservar el calor, la superficie de su piel es la quinta esencia de la simplicidad: sin orejas, ni labios, ni pestañas, ni órganos sexuales que pudieran sobresalir; nada que pueda frenar su rápido paso por el agua. Hasta el cuarenta por ciento de su masa corporal puede estar formada por grasa, lo que le permite mantener una temperatura de mamífero de sangre caliente en mitad del oscuro hielo oceánico. Su ritual de apareamiento es una especie de coreografía en la que una pareja nada durante horas, con las pieles rozándose, hasta que la hembra gira el vientre hacia arriba para apretar su cuerpo contra el macho. Después, cuando la hembra da a luz, otra hembra adolescente de la manada suele actuar como niñera, nadando junto a la madre con la cría entre las dos para crear una corriente que la arrastre, el equivalente ballenero a un portabebés.

La leyenda del narval no es una historia amable. El etnólogo danés Knud Rasmussen registró los mitos de los inuit de la costa noroccidental de Groenlandia a principios del siglo xx. En el origen mitológico del narval, la cruel madre de un niño ciego lo engaña para quitarle su parte de carne de oso. La mujer se recoge el pelo en una larga trenza y ambos salen a cazar las ballenas blancas que por allí pasaban; entonces, el niño la ata con cuerdas a una de las ballenas, que la arrastra al fondo del mar. Según Rasmussen, «no regresó y se transformó en un narval [...] y de ella descienden todos los demás narvales».

Uno de los primeros relatos escritos sobre este animal data de 1577. Martin Frobisher, marino y corsario, dirigió una expedición a la isla de Baffin, donde sus hombres descubrieron un narval muerto en la playa. Intentaron usarlo para hacer magia, utilizando el mismo método que Iván el Terrible:

En esta orilla del oeste encontramos un pez muerto flotando que tenía en su nariz un cuerno recto y torneado de dos metros menos unos cuantos centímetros, roto en la parte superior, donde pudimos percibir un hueco, en el que algunos de nuestros marineros pusieron arañas, que pronto se tiñeron. No vi la prueba, pero me informaron de que era verdad, por lo que, gracias a ella, pudimos saber que se trataba de un unicornio marino.

Triunfantes, cogieron el cuerno. También se llevaron por la fuerza a tres inuit: un hombre, Calichough, una mujer, Egnock, y su hijo, Nutioc. Todos ellos murieron poco después de llegar a Inglaterra.

Según se nos dijo, «Cuando sir Martin regresó de aquel viaje, regaló a su alteza un prodigioso cuerno largo de narval, que durante mucho tiempo estuvo colgado en el castillo de Windsor». Pero no fue el único que tuvo Isabel I. Sir Humphrey Gilbert, hermanastro de Walter Raleigh, le regaló un colmillo de narval con incrustaciones de piedras preciosas valorado en 10 000 libras (suficiente, en aquella época, para comprar y dotar de personal un pequeño castillo). Le dijo que se trataba de un «unicornio marino». El lema de Gilbert en latín era *Quid non* (¿Por qué no?), pero en este caso probablemente creyó que no mentía; después de todo, los unicornios aparecen nueve veces en la Biblia. No era raro que las iglesias más ricas y refinadas tuvieran un cuerno de unicornio, del que cortaban trozos y los mezclaban con agua bendita para ayudar a sus feligreses enfermos; la catedral de Chester, en Inglaterra, tiene un colmillo de narval del siglo XVII, que ofrece su magia silenciosa a los fieles.

Los narvales están clasificados como «casi amenazados». La mayor amenaza para su supervivencia es el cambio climático, que está reduciendo la capa de hielo con demasiada rapidez como para que puedan adaptarse; sin capa de hielo no tendrán dónde esconderse de las orcas, ni dónde alimentarse. Los narvales se comunican mediante una serie de chasquidos y zumbidos (más agudos que los de una ballena jorobada, pero menos estridentes que los de un delfín); con el aumento de la navegación y la extracción industrial en el Ártico, la contaminación acústica acarrea el riesgo de hacerlos inaudibles y, en la práctica, mudos, y por tanto incapaces de proteger y enseñar a sus crías. Hemos cogido su silencio y lo hemos sustituido por el estruendo de una discoteca. Por ahora, sin embargo, todavía quedan unos ochenta mil. En algún lugar de las profundidades marinas donde no alcanza la luz del sol, atravesando aguas lo bastante frías y oscuras como para mantenernos a raya, se mueve un ser de tal hermosura y rareza que rivaliza con el unicornio.

El
cuervo

Si tuvieras que elegir un animal al que traicionar, lo más sensato sería no elegir un cuervo. Su inteligencia es formidable; son lo bastante listos y sabios como para guardarnos rencor. Durante cinco años, estudiantes de la Universidad de Washington con máscaras de cavernícolas cazaron y capturaron los cuervos que vivían en los árboles del campus, los mantuvieron un tiempo en cautividad y luego los liberaron. Los cuervos, como diminutos dioses del Antiguo Testamento, no olvidaron ni fueron cegados por su ira. Cuando los estudiantes pasaban por debajo sin las máscaras, los ignoraban, pero cuando llevaban caras de cavernícolas, los acosaban, increpándoles y gritándoles. La furia y el miedo se transmitieron por todo el grupo, de un cuervo a otro. En otro experimento, los estudiantes que llevaban máscaras fueron atacados y reprendidos incluso después de que los cuervos originales hubieran muerto.

Pero si bien son enemigos acérrimos, aún son mejores aliados. Una niña de Seattle llamada Gabi Mann fue noticia en todo el mundo cuando los cuervos a los que había dado de comer todos los días desde que tenía cuatro años empezaron a traerle regalos a cambio: un clip, una cuenta azul, una pieza de Lego, un pequeño corazón de plata de un colgante. Es más, cuando a su madre, Lisa, se le cayó la tapa del objetivo de una cámara mientras hacía fotos en el campo, los cuervos observaban de cerca. Casi había llegado a casa cuando se dio cuenta de que la había perdido, pero al bajar por el sendero de su jardín vio que se la habían devuelto, equilibrada con precisión en el borde de la piscina para pájaros. Las imágenes de la cámara de seguridad muestran a un cuervo que llega con ella, la acerca hasta la piscina, la lava varias veces y la deja a la espera de su regreso. Se fijan en nosotros; y nos castigan y recompensan.

Casi todos los pájaros son constructores, por supuesto, pero pocos son tan buenos artesanos. El cuervo es un Einstein entre las aves, ya que su relación cerebro/masa corporal es sólo algo inferior a la nuestra. Muchos de ellos pueden fabricar herramientas, arrancando ramitas de los árboles, pelándolas, doblándolas en forma de gancho y excavando en pequeños espacios en busca de comida. Si la herramienta es buena, la guardan para utilizarla más tarde; se los ha visto robándose los utensilios más preciados los unos a los otros. Los cuervos salvajes de Nueva Caledonia, nativos del archipiélago del Pacífico, no han tenido problemas para aprender a utilizar las máquinas expendedoras. En el parque temático de Puy du Fou (Francia), seis grajos, de la familia de los cuervos, especialmente inteligentes, han sido adiestrados para recoger basura. Cuando alguien tira una colilla, el grajo la recoge y la mete en una caja, donde se libera un pequeño trozo de comida mientras la persona que la ha tirado lo observa. Imagínate, un grajo que te deja en evidencia en público.

La familia de los cuervos es muy numerosa, todos vestidos con varias docenas de elegantes tonalidades de negro. El género *Corvus* incluye a cuervos, cornejas (que sólo se distinguen de los cuervos por su tamaño) y grajos, que se diferencian por su pico gris plateado, mientras que la familia *Corvidae*, con 133 especies, incluye urracas, arrendajos y grajillas. No son la familia más dulce del mundo; tienen un punto sanguinario. Se sabe que los cuervos picotean los ojos de los corderos recién nacidos más débiles. Las urracas se comen los huevos y las crías de gorriones y estorninos, por lo que no son muy populares en algunas zonas del campo, hasta el punto de que la revista *Sporting Shooter* ofreció una vez un premio de 500 libras a quien consiguiera el mayor número de cadáveres de urracas (sin embargo, quienes culpan a las urracas de la catastrófica caída del número de aves cantoras en toda Europa se equivocan de medio a medio; la principal causa son los pesticidas y nuestra nueva práctica de cultivar cereales que se siembran en invierno, lo que nos deja unos cultivos demasiado altos y densos como para que las aves puedan anidar). La familia de los cuervos ha pasado muy desapercibida a lo largo de la historia, en parte por sus macabros festines de cordero, en parte porque sus ojos son muy perspicaces y escépticos, y en parte porque sus voces son, por lo general, guturales y ásperas, como la del cuervo que llevó a Edgar Allan Poe a preguntar «qué querría decir ese pájaro sombrío, desgarbado, espantoso, cadavérico y amenazante de antaño al repetir: "Nunca más"».

Sin embargo, sí hay un cuervo cuya voz provoca alegría. Su versatilidad es asombrosa; algunos de sus reclamos son musicales, otros casi humanos, una absoluta cornucopia en un solo pájaro: el cuervo hawaiano, también llamado 'alalā. Es un pájaro grande, de un azul petróleo oscuro exquisito y exuberantemente declarativo. Uno de sus reclamos suena como una tetera silbando. Otro suena exactamente igual que el aullido de Elvis, y el Servicio de Pesca y Vida Silvestre de Estados Unidos lo ha clasificado como el «yijou». Antaño era una de las aves más numerosas de Hawái, y recorría los bosques entre estertores, gruñidos y fantásticos gemidos.

En el folclore hawaiano, el 'alalā es uno de los guardianes del alma de los muertos, que viaja a un «Lugar de salto», por lo general un promontorio elevado sobre el océano, para esperar a que lo guíen a su descanso final. Para los que mueren en Ka'ū, en la isla de Hawái, uno de esos lugares de salto es el acantilado del extremo sur de la isla, Ka Lae, y el guía es el cuervo; allí alma y pájaro se encuentran y juntos saltan al más allá. Sin el ave, el ánima correría el riesgo de perderse y vagar para siempre entre fantasmas y polillas nocturnas.

El 'alalā fue declarado extinto en estado salvaje en 2002. En 2016 se reintrodujeron treinta en los bosques. De esos treinta, sólo cinco sobrevivieron y tuvieron que volver a ser puestos en cautividad de inmediato. Algunos murieron porque no tenían respuesta contra los depredadores; su principal amenaza desde el aire es el busardo hawaiano, el 'Io, que a su vez también está en peligro de extinción. Los bosques en los que solían reproducirse, refugiarse y cantar han sido desnudados por el ganado y la expansión humana; y, una vez desaparecidas las aves, también empezaron a desvanecerse docenas de plantas autóctonas hawaianas que dependían de ellas para la dispersión de semillas. El intento de reintroducirlos en la naturaleza está bien financiado y en marcha, pero las probabilidades son pocas. Los 'alalā machos criados en cautividad son más agresivos y propensos a atacar; además, les cuesta más entender cuándo sus compañeras les están haciendo gestos románticos. La endogamia ha hecho que las cáscaras de sus huevos sean más finas y sus nidadas más pequeñas. Aunque vuelvan a la naturaleza, no habrá pájaros cotillas y chillones que les enseñen a ser verdaderos cuervos salvajes, así que siempre serán diferentes. Puede que sólo sea una especie, un solo pájaro, pero podían utilizar herramientas, y podían llamarse los unos a los otros de formas más sofisticadas de lo que aún podemos descifrar; demasiada inteligencia borrada del mapa. Y si los 'alalā no se salvan, con ellos morirá una de las formas en que los humanos han concebido la muerte y ya no habrá guías esperando a las almas en Ka Lae.

La
liebre

Siempre se ha creído que las liebres son mágicas. En su temblorosa belleza de largas extremidades, se creía que eran pociones de amor con patas, amuletos hechos carne. El sofista griego Filóstrato advertía ya a sus lectores del siglo III de que había hombres sin escrúpulos que habían encontrado en la liebre «cierto poder para producir amor, y tratan de asegurarse los objetos de su afecto mediante la compulsión del arte mágico». Plinio sugirió que comer liebres aumentaba el *glamour*; «la gente cree que, si te comes una liebre, tu cuerpo adquiere atractivo sexual durante nueve días, una superstición vulgar que, sin embargo, debe tener algo de verdad, ya que la creencia en ella está muy extendida». Marcial, padre del epigrama, escribió a una noble llamada Gelia, de forma bastante ácida: «Cada vez que me envías una liebre, Gelia, me dices: "Serás hermoso durante siete días". [...] si lo dices en serio, querida mía, es evidente que tú nunca has comido liebre». Este animal estaba consagrado a la diosa Afrodita, diosa del amor, y Eros aparece en muchos vasos griegos persiguiendo a la liebre por la cerámica o acunándola en sus brazos.

Esta asociación de la liebre con el sexo y el deseo procede, en parte, de la creencia en su asombrosa fertilidad. Aristóteles sugirió en su *Historia Animalium* que la liebre podía quedarse preñada dos veces: «se reproducen y paren en todas las estaciones, *superfoetate* [es decir, vuelven a concebir] durante el embarazo». También es cierto que Aristóteles llegó a sugerir que las anguilas surgen de forma espontánea del barro, pero, en este caso, tenía razón: la liebre puede quedarse preñada estando ya embarazada. Una liebre macho puede fecundar a una hembra durante la última parte de su gestación: los embriones comenzarán a desarrollarse mientras esperan en el oviducto hasta el parto de la primera gestación y, luego, en cuanto el útero está libre, se trasladan al interior. Este tiempo que se ahorran les permite tener alrededor de un treinta por ciento más de crías en una sola temporada; y quizá debido a la sensación de que podían controlar su concepción con tanta sutileza, durante mucho tiempo se pensó que las partes de las liebres podían actuar como anticonceptivos. Aecio, que ofrecía consejos médicos en la corte imperial de la Constantinopla del siglo VI, sugería a las mujeres «coger semillas de beleño [una planta más conocida como belladona], mezclar la leche de una asna, un poco de mirto y una baya de hiedra negra [...] y ponérselo todo después de haberlo envuelto en la piel de una liebre» (se trata del mismo hombre que aconsejaba que las mujeres se introdujeran los dientes de leche de los niños en el ano como método anticonceptivo alternativo, consejo que desearía que nadie siguiera).

Parte de su magia residía en la creencia de que era un interruptor a voluntad entre dos vidas, hermafrodita. Según el retórico del siglo IV Donato es: «*modo mas, modo femina*», es decir, a veces macho, a veces hembra. Por eso, en la Antigüedad, se convirtió en una forma de expresar el amor homosexual; en una comedia del dramaturgo romano Publio Terencio Afro, un atrevido joven es increpado por otro: «Pero, ¿qué dices, impudente criatura? Seguro que eres una liebre y buscas carne». En una vasija de arcilla del año 500 a. C., un hombre está enamorado de un joven;

le ofrece una liebre viva y éste la contempla. Era un ser que permitía conjurar el amor, tanto hetero como homosexual, algo que, puesto a tus pies, viva, con su encanto de finas facciones, alejaría todas tus dudas.

El nombre de la liebre, *lepus*, procede, según los antiguos eruditos romanos, del latín *lavipes*, pie ligero, y desde luego le hace justicia. La liebre común puede correr a ochenta kilómetros por hora y saltar tres metros, cinco veces su propia longitud. Cuando observas a una liebre correr más deprisa que un zorro, zigzagueando para dificultar el impulso de su depredador, sabes que estás en presencia de un ser maravilloso. Los lebratos (liebres jóvenes) nacen con los ojos abiertos y el pelaje completo, listos para esprintar; suelen vivir solos y no hacen madrigueras, sino que descansan en hendiduras poco profundas del suelo, sin detenerse nunca, siempre en movimiento. Estos animales son tan veloces que, cuando un atleta se pone delante para marcar un ritmo acelerado antes de apartarse, se suele decir que «corre de liebre».

Pero, por supuesto, no son lo bastante rápidas como para escapar de nosotros. El número de liebres en Gran Bretaña ha disminuido un ochenta por ciento en el último siglo, en parte porque la implacable destrucción de setos ha acabado con sus refugios: entre 1985 y 1997, 184 000 de los 640 000 kilómetros de setos que recorrían Inglaterra y Gales fueron arrancados y quemados (los setos que aún existen están en gran medida a merced de nuestros caprichos, modas y cuidados; sólo hace falta conocer un poco la historia para perder toda confianza en esta particular trinidad. Hay un tramo de seto en Cambridgeshire, el seto de Judith, que tiene más años que la catedral de Durham, que es más antiguo que St James o el palacio de Buckingham, y que lleva más de nueve verdes y espinosos siglos albergando vida en su interior. Quien quiera arrancarlo tendrá que solicitarlo a la administración local, pero muchos setos más jóvenes no gozan de esa protección. Propuesta: todos los que se han beneficiado de la destrucción de esos lugares deberían vivir el resto de sus días en la estación de servicio de una autopista). Y las liebres son las únicas piezas que se pueden cazar legalmente durante todo el año. Las cazamos incluso en su época de celo, cuando las hembras boxean con los posibles pretendientes en los campos y las matamos a cientos, hasta trescientas mil al año. Deberíamos recordar que, tal vez, estemos sacrificando al Conejo de Pascua. Era una liebre mucho antes de ser un conejo; según se rumorea por el campo (es posible que se trate más de un acto de optimismo que de un dato histórico), la liebre era sagrada para Ostara, la diosa sajona de la primavera, por lo tanto, no es sólo una bola de pelo adorable, sino también la liebre de Ostara.

Algunas liebres también eran brujas, seres feéricos. En el increíble libro infantil *El pequeño caballo blanco*, escrito por Elizabeth Goudge en 1946, al finalizar la guerra, y en el que se deleita con galletas de azúcar y exquisitas maravillas, la liebre es la maravilla más elegante de todas. Como bien explica un niño, no son conejos; «una liebre es ahora algo completamente diferente. No es una mascota, sino una persona. Son listas, valientes y cariñosas, y tienen sangre de hada». Una leyenda celta cuenta que el guerrero poeta Oisín, mientras perseguía una liebre, la hiere en una pata y la sigue hasta unas espesas zarzas, donde encuentra una puerta que descendía hacia las profundidades de la tierra. Tras bajar, llega a una gran sala donde estaba sentada una hermosa mujer que sangraba por una herida en la pierna. La historia se parece mucho a una acusación de la vida real, un juicio por brujería de 1663 a una anciana llamada Julian Cox. Un testigo del juicio declaró:

Un cazador juró que salió con una jauría a cazar una liebre y, no lejos de la casa de Julian Cox, avistó por fin una. Los perros la siguieron muy de cerca [...] hasta que, finalmente, el cazador, al ver que la liebre estaba casi agotada y se dirigía hacia un gran arbusto, corrió al otro lado de dicho arbusto con la intención de cogerla y protegerla de los perros, pero en cuanto le puso las manos encima resultó ser Julian Cox [...]. Él, al reconocerla, se asustó tanto que se le erizaron los pelos de la nuca; y, sin embargo, fue capaz de hablarle y le preguntó qué la había traído allí; pero ella estaba tan exhausta que no pudo responderle. [...]. Entonces, el cazador y sus perros volvieron a casa, asustados.

Pero, además de hermosas, eran peligrosas. Un libro de folclore de 1875 contaba que la liebre estaba estrechamente asociada a la calamidad, por lo que se recomendaba que, al pasar junto a una, se recitara: «Liebre delante, problema detrás. Intercámbialos, Cruz, y líbrame». En un poema en inglés medieval, «*The Name of the Hare*», se incluyen los setenta y siete nombres de la criatura, que deberías decir si te cruzas con una, para así alejar la mala suerte; pocos son elogiosos. Según la traducción de Seamus Heaney, serían, entre otros:

> *La que se arrastra, la que se queda quieta,*
> *ánade rabudo, rodeadora de colinas,*
> *sobresalto repentino,*
> *vuelco de corazón,*
> *panza blanca,*
> *corderos en estampida.*
> *Despreciable, chupadora de encías,*
> *asustadora de hombres, transgresora de la fe,*
> *olfateadora de suelos, cráneo calvo,*
> *su principal nombre es canalla.*

Seguro que a los agricultores les parecerían despreciables y transgresoras de la fe, pero también se las ha considerado sagradas. El motivo de las «tres liebres» (tres liebres corriendo en círculo, con orejas compartidas y entrelazadas) aparece en espacios sagrados del Lejano Oriente y en iglesias de toda Gran Bretaña. Desde hace mucho tiempo, las liebres acompañan a la Virgen en sus retratos (no sin cierta perversión, las hemos considerado a la vez la personificación del sexo y la virginidad hasta el punto de que, durante un tiempo, se llegó a pensar que su fertilidad era tan profunda que podían reproducirse sin pareja). Sus cuerpos en movimiento, colocados sobre los tejados de las iglesias, invocan a la Santísima Trinidad: uno en tres, tres en uno, motor principal en constante movimiento.

Si la belleza bastara para merecer amor (y la historia ha demostrado que es así), entonces deberíamos amar a la liebre más que a casi cualquier otra criatura. Cuanto más te acercas, más bonitas te parecen. De las treinta y dos especies, algunas, como la liebre birmana, son de color gris rojizo que va cambiando a plateado; otras, como la lanuda tibetana, es del color de la paja recién cortada; y la liebre india lleva una mancha negra en la nuca a modo de cinta del pelo. Las liebres de montaña del norte de Gran Bretaña se vuelven completamente blancas en invierno, pero blancas de verdad, no de ese blanco mugriento de la mayoría de las criaturas que son siempre blancas, porque el pelaje sólo dura esa estación. Sus patas tienen la grandeza de los dioses del Olimpo, y sus orejas, de punta negra, forradas de terciopelo rosa y lo bastante finas como para ser semitranslúcidas a la luz, empequeñecen las de un conejo. Cuando corren, sus pabellones auditivos parecen estandartes en un campo de batalla, siempre izados. «El gato del bosque», las llamaba Heaney, «el ciervo de las coles». Si hay magia en este mundo, una parte reside en ellas. Así que, si estás leyendo esto, amor mío, no necesito flores, ni joyas. Por favor, tráeme una liebre.

El
lobo

Durante todo el siglo XVII, cada semana se elaboraba un registro para dejar constancia de las causas de muerte en Londres, denominado *Bill of Mortality* (lista de mortalidad). Los motivos enumerados son bastante gráficos y plantean muchas preguntas: «Aterrorizado», «Reventado», «Dientes», «Muerto en la calle», «Infestado de piojos», «Mal del rey». Pero, en la lista de 1650, se podía leer ocho casos de «Lobo». Resulta tentador imaginar una sombra colmilluda merodeando por las cervecerías de Drury Lane, pero en realidad «lobo» era el nombre que se daba a un asesino mucho más mortífero. En 1615, un clérigo escribió sobre «la enfermedad del pecho, llamada cáncer, comúnmente conocida como el lobo». En 1710, una traducción de los escritos del cirujano francés Pierre Dionis decía: «Es una enfermedad que ataca no sólo al pecho, sino también a otras partes, en las que no es menos atroz. A veces adopta diferentes nombres; cuando ataca a las piernas, se llama el Lobo, porque si se deja a su suerte, no las soltará hasta haberlas devorado».

La relación entre los lobos y el cáncer se arraigó tanto en la imaginación popular que, en 1714, el médico Daniel Turner escribió sobre «un famoso médico del cáncer» que afirmaba haber curado la úlcera cancerosa de una mujer: «No hace mucho tiempo, una mujer me contó semejante [historia fantástica] y me juró que, [...] cuando se sostiene un trozo de carne cruda a una cierta distancia de la llaga, el Lobo se asoma, dejando ver su cabeza y abriendo las fauces para engullirla». La imagen de un lobo real saliendo de las carnes de una mujer como si se tratara de un topo de feria demuestra, con toda su locura, la potencia de nuestras metáforas: empezamos a creérnoslas. En 1599, *The Boock of Physicke* sugería que una cura para el cáncer era comer «lengua de lobo» seca y pulverizada; nuestro lenguaje figurado tiene un poder mágico sobre nosotros que hace que nos posea mientras lo conjuramos.

Decidimos muy pronto que los lobos eran falsos, voraces y moralmente retrógrados, es decir, hipócritas además de ansiosos. Fue algo bíblico, porque el primer uso en inglés de la idea del lobo como un ser voraz data de 950, en una traducción de los Evangelios de Lindisfarne: «*Heonu ic sendo iuih suæ scip in middum vel inmong uulfa*» («He aquí, yo os envío como ovejas en medio de lobos»). Cuando William Caxton, el hombre que introdujo la imprenta en Inglaterra, publicó las fábulas de Esopo en 1483, eligió tres historias de lobos. Y tenía sentido: en los primeros tiempos de Gran Bretaña, los lobos eran un azote, sobre todo si eras o poseías una oveja. Los reyes normandos, que gobernaron en los siglos XI y XII, tenían criados cuya función específica era cazar lobos; los delincuentes podían librarse de la muerte si aceptaban convertirse en acechadores de lobos y estos animales causaban tales estragos en el ganado que Eduardo I llegó a ordenar el exterminio de todos ellos. Tuvo tanto éxito que la última referencia a lobos en Inglaterra parece ser la de uno merodeando por un parque de ciervos en 1290. En 1300, un médico inglés fue llevado ante el equivalente medieval de los funcionarios de aduanas cuando intentó importar al país los cadáveres de «cuatro lobos pútridos» con fines de investigación médica porque, por aquella época, ya no se podían encontrar en casa. Pero Escocia, con sus montañas y sus acantilados salvajes, aún tenía muchos. En 1457, bajo el reinado de Jacobo II de Escocia, se promulgó una ley que obligaba a los barones a cazar lobos tres veces al año, y los que no lo hacían eran perseguidos y multados. En 1563, una María I de Escocia de veintiún años salió de caza; la bolsa incluía cinco lobos, pero eso no hizo mella. El gran cronista Holinshed escribió que, bajo el reinado de María, los lobos se volvieron tan peligrosos que se erigieron refugios para los viajeros: pequeñas cabañas conocidas como «*spittals*», algunas de las cuales siguen en pie hoy en día. Hay un poema gaélico, traducido en el siglo XVI en *Book of the Dean of Lismore*, que es un largo grito, una súplica para que Dios castigue a estos animales:

> *Una manada de lobos llega a la región,*
> *por los prados de Arturo se han de esparcir.*
> *Oh, Dios, condena su vil corrupción,*
> *que tu mano les haga por siempre sufrir...*

Aun así, no merecen su reputación, porque aunque es cierto que han devorado nuestras ovejas y, en la época en que los pastores solían ser niños y los lobos andaban envalentonados por la rabia, se han comido a algunos de nuestros retoños, no son más astutos y malvados que los leones, los tigres o los osos. Sólo son depredadores de tamaño medio-grande, pero nos hemos negado a observarlos con mirada serena. Necesitábamos un símbolo en el que volcar nuestro miedo y nuestra desconfianza en el mundo, y hemos elegido al lobo con determinación y pasión. Por ejemplo, la primera escena de transformación en la obra del poeta romano Ovidio es también la más espeluznante y uno de los primeros relatos de ficción sobre la licantropía. Siempre fue la historia de *Las metamorfosis* que a mí, como niña desagradable que era, más me gustaba. El rey Licaón asesina a un niño rehén, «y, así, semimuertos, parte en hirvientes aguas sus miembros ablandan, parte los tuesta, sometiéndolos a fuego», y se los sirve a Zeus. Este tipo de venganza culinaria se daba tanto en los mitos que cabría pensar que los dioses se habrían vuelto cautelosos, pero al menos no fue así en el caso de Zeus. Al descubrir lo que había comido, lanza un rayo al palacio de Licaón y lo destierra al desierto. «Aúlla y en vano hablar intenta. En vellos se vuelven sus ropas, en patas sus brazos: se hace lobo y conserva las huellas de su vieja forma. La canicie la misma es, la misma la violencia de su rostro, los mismos ojos lucen, la misma de la fiereza la imagen es». Para Ovidio, la transformación es una forma de decir la verdad y la verdad de los lobeznos era su salvajismo solapado (Ovidio fue muy popular en vida, lo que sugiere que otros estuvieron de acuerdo).

Siempre he apreciado a los lobos de los cuentos por la forma en que nos hablan de los deseos que intentamos mantener ocultos, de lo grandes que son nuestros ojos, nuestros dientes y nuestras ansias. En un cuento ruso aún más vertiginoso desde el punto de vista local que la mayoría, «El zarévich Iván y el lobo gris», el hijo de un zar se topa con un lobo que se come a su caballo y sugiere a Iván que cabalgue sobre su lomo hacia la gloria.

Después, en una boda, el animal se transforma en una princesa y, en algunas versiones, se come unos cuantos invitados. Por lo tanto, una verdadera boda de cuento no es, como la mayoría de las bodas reales británicas, un refuerzo de una institución estatal por medio de música de órgano y enormes vestidos. Una verdadera boda de cuento sería aquella en la que se dejan entrever deseos secretos, aquella en la que el príncipe, envejecido y cansado de esperar su trono, se convierte en lobo y se come a la reina.

Quizá hubiera sido mejor que, a la hora de buscar símbolos para nuestra voracidad, nos hubiéramos limitado a los dragones. La propia reputación del lobo casi ha bastado para destruirlo. El lobo negro fue cazado hasta su extinción en 1908; el lobo rojo, una criatura esbelta de pelaje rojizo, *Canis lupus gregoryi,* se extinguió en 1980. Hemos seguido cazando lobos mucho después de que dejaran de suponer un peligro físico para nosotros; ya son pocos los casos de rabia y las posibilidades de que un lobo ataque a una persona son ínfimas. De hecho, son animales tímidos y cautelosos; serían unos perros guardianes horribles porque, ante los extraños, su primer impulso es correr y esconderse. Es cierto que son capaces de comerse diez kilos de carne de una sentada, pero su alimento preferido no es el humano, sino el alce y el ciervo, y también los melones, los higos, los frutos rojos y los cereales, así que tienen un hambre formidable, sí, sólo que no de nosotros.

Pero, por suerte, poco a poco está cambiando la imagen que tenemos de ellos. Su número está aumentando en toda Europa y, en estos momentos, hay doce mil ejemplares en todo el continente. No sé si los debates sobre la reintroducción del lobo en Escocia acabarán llegando a buen puerto algún día (no resultaría sencillo y sólo sería posible en el marco de una reconsideración radical de nuestro ecosistema a escala nacional), pero si ocurriera, podría provocar abundantes cambios. Los lobos ya han hecho maravillas: fueron exterminados del Parque de Yellowstone en los años setenta, pero en 1995 se reintrodujeron. En tan sólo una década, la población de alces se ha reducido a la mitad y, sin estos animales ramoneadores, han podido prosperar los álamos temblones, los sauces y los chopos. Si quieres favorecer un bosque, planta un lobo.

Los hemos observado y hemos conjeturado, llevados por la ansiedad, y buena parte de nuestras conjeturas han sido erróneas. Por ejemplo, en realidad les da bastante igual la Luna, porque no es al cielo nocturno al que aúllan, sino que lo hacen entre ellos. Sus vidas están muy unidas a sus reclamos: aúllan para llamarse unos a otros a cazar, para advertir de posibles amenazas o para encontrarse en medio de tormentas y en el hielo (he visto a uno en acción: se mecen hacia atrás y, justo antes de aullar, son igualitos a un niño a punto de soplar las velas de una tarta de cumpleaños). Su aullido puede resonar en más de cien kilómetros cuadrados y, en un día tranquilo, pueden oír tus pasos a quince kilómetros de distancia en campo abierto. Tienen una vida social compleja y jerárquica. Dado que los machos de rango inferior no se aparean, el «lobo alfa» designa a los lobos machos que se convierten en padres (díselo al próximo hombre al que oigas presumir de su condición de alfa: sólo significa «paternidad»).

Su sofisticación se extiende a su comunicación: los lobos son uno de los pocos animales que transmiten información con expresiones faciales. A grandes rasgos, se podrían traducir así: orejas planas hacia atrás y pegadas a la cabeza con la cola entre las piernas: «Don Corleone, me siento honrado y agradecido de que me haya invitado a su casa el día de la boda de su hija. Le deseo que el primer hijo sea varón». Orejas hacia delante y cola estirada con postura erguida dominante: «Deja el arma, toma los *cannoli*». Orejas bajas y hacia los lados, enseñando los dientes y con el hocico arrugado: «Voy a hacerle una oferta que no podrá rechazar».

Una vez conocí a una loba medio domesticada en las fronteras galesas. Se parecía mucho menos a un perro de lo que había imaginado: tenía unas bolas de músculo bajo la piel que no se ven en los perros. Hacía gala de precisión y control; podía arrancar una sola mora de un arbusto con los dientes. No olía en absoluto a perro, sino a polvo y sangre. Su pelaje, lo bastante grueso como para permitirle dormir cómodamente a cuarenta grados bajo cero, se erizó por la electricidad estática en cuanto la toqué. Era, literalmente, eléctrica. No quería mirarme a los ojos. Los lobos son como los cuentos por los que merodean: salvajes y del lado de nadie.

El
erizo

Plinio el Viejo no era un hombre fácil. Reprendió a su sobrino, Plinio el Joven, por caminar por las calles en lugar de que lo llevaran, perdiendo así horas en las que podría haber estado leyendo. Pero en el año 77 de nuestra era, Plinio centró su atención en el erizo en su *Historia Naturalis* y dio origen a uno de los mitos más hermosos de la historia natural. Según escribió, «También los erizos se procuran de antemano los alimentos para el invierno y, revolcándose sobre los frutos caídos, los llevan a las cavidades de los árboles adheridos a sus púas, con uno más en la boca». San Isidoro de Sevilla retomó la idea, insistiendo en que los erizos recogían uvas con sus espinas dorsales para llevárselas a sus crías. Charles Darwin escribió en 1867 que sabía de buena tinta que el erizo podía verse en las montañas españolas «trotando con al menos una docena de estas fresas pegadas a sus espinas, [...] llevando la fruta a sus madrigueras para comérsela tranquilo y con total seguridad».

De todas las falsedades del mundo que desearíamos que fueran ciertas, ésta es de las primeras de la lista. De hecho, los erizos no comen fruta (prefieren los escarabajos, los gusanos, los huevos y la carroña pequeña), ni acumulan comida para el invierno, ni se han registrado casos en los que utilicen sus espinas como palillos de cóctel. Pero no por ello dejan de ser unos seres extraordinarios, por su lugar en la historia, por su capacidad de supervivencia y por su delicada belleza de aspecto erudito. Cada erizo tiene unas seis mil espinas huecas, de color marrón nuez en la base, que se elevan hasta una franja negra y cambian en la punta al blanco más puro. Cuando se ven amenazados, se enrollan en una bola impenetrable que disuade a casi todos los animales, excepto a los tejones y a nosotros. Plinio escribió que se podían desenrollar rociándolos con agua hirviendo, lo que, a diferencia de sus notas sobre alimentación, parece ser cierto.

Aristóteles sugirió que los erizos se apareaban erguidos sobre sus patas traseras, vientre con vientre, para evitar las espinas del otro. De hecho, se aparean como cualquier otro mamífero cuadrúpedo, aunque el proceso es más estresante que para la mayoría: no es raro que la hembra se aparte, a mitad del apareamiento, dejando al macho luchando por mantenerse a dos patas mientras se desliza poco a poco por la curva de la espalda de su compañera. De ahí el viejo chiste: «¿cómo se aparean los erizos? Con mucho cuidado». Cuando nacen, después de treinta y dos días de gestación, las crías de erizo son blanditas y de color rosa rojizo, con una fina capa de piel sobre las espinas; las púas empiezan a atravesarla justo después del nacimiento. A los diez días ya han aprendido a hacerse un ovillo; a los catorce, abren los ojos y adoptan esa mirada distintiva de curiosidad educada y graciosa.

Aunque los erizos son una especie antigua (existen casi sin cambios desde hace quince millones de años, cuando todavía éramos grandes simios), su nombre es una invención reciente. Procede del latín *ericius*, una vara militar con pinchos utilizada para defenderse. En un recetario medieval británico, el «*hirchone*» era una especie de canapé a base de carne picada de cerdo mezclada con azafrán y clavada con astillas de almendra a modo de espinas (tiene un aire bastante setentero). Cuando Próspero amenaza a Calibán en *La tempestad* («erizos diligentes se cebarán en ti lo que dure la velada»), está imaginando una flota de erizos, que van a la guerra contra el cuerpo de Calibán. Así pues, el erizo de mar toma su nombre directamente del erizo terrestre.

A lo largo de la historia, hemos utilizado los erizos en nuestras fábulas y hemos exigido que nos sanen de nuestros dolores. En 1693, el médico William Salmon publicó una cura para la calvicie que sugería que se mezclara la grasa de un erizo con la de un oso y se aplicara sobre el cuero cabelludo. En su defecto, sugirió con optimismo que el estiércol de erizo podría tener un efecto similar. No fue el primero en pensarlo: el papiro Ebers, que data de alrededor del año 1550 a. C., sugería que un amuleto con forma de erizo detendría el debilitamiento del cabello. Desde hace dos mil años, se cree que su piel y sus espinas ayudan en casos de dolor de muelas, cálculos renales, diarrea, vómitos, fiebre, sordera, infecciones urinarias, lepra, elefantiasis y, con frecuencia, impotencia. En el folclore letón, el erizo es símbolo de regeneración y fertilidad; las canciones de boda letonas apodan a la novia «eriza» y a las mujeres casadas «madres de erizos».

Y no los hemos consumido sólo como medicamento. Las familias romaníes envolvían en barro a los erizos, los asaban al fuego y, una vez fríos, rompían el barro, llevándose consigo todas o la mayoría de las espinas; este plato se conocía como «hotchi-witchi». En 1393, el *Ménagier de París* proponía «degollar el erizo, chamuscarlo, destriparlo, atarlo como una gallina, secarlo con una toalla, asarlo y comerlo con salsa *cameline*», una salsa a base de pan, vino, vinagre, canela y jengibre, «o en hojaldre con salsa de pato silvestre». Tengo una amiga que ha cazado y comido erizo y, según dice, sabe a conejo anoréxico.

Incluso hoy, cuando son especies protegidas en la mayor parte del mundo, seguimos luchando para que se les deje en paz; hay cafés en Tokio donde se puede vestir a un erizo con sombrero y bolso para luego hacerles una fotografía. Una vez fui a uno y, aunque sus cuidadores los tratan con gran esmero, los pobres erizos, ataviados con gorritos de fieltro, no parecen estar demasiado contentos con la situación.

En Inglaterra, donde van sin sombreros ni accesorios, su número está disminuyendo y lleva décadas haciéndolo. La pérdida de setos, los vastos campos abiertos sin lugares donde esconderse y la muerte por atropello son en parte culpables, junto con el uso masivo de pesticidas y el calentamiento global, que reducen la población de insectos. A pesar de que decenas de miles de personas se han comprometido a hacer que sus jardines sean más respetuosos con los erizos (dejando un pequeño hueco en cada valla, no mayor que un platillo, para que puedan pasar), en la actualidad quedan algo menos de un millón, lo que supone un descenso del noventa y siete por ciento respecto a los treinta millones que deambulaban por el Reino Unido en los años cincuenta. Treinta millones es mucho más que el número actual de palomas en Gran Bretaña; cuando mis padres eran jóvenes, había erizos por todas partes, toda una horda de espinosa belleza común y corriente.

En 2015, el diputado conservador Rory Stewart pronunció un apasionado discurso de trece minutos sobre los erizos ante una Cámara de los Comunes prácticamente vacía. Según dijo, era la primera vez que se debatía sobre el erizo en el Parlamento desde 1566 (de hecho, Stewart no estaba del todo en lo cierto: en la década de 1650, sir Richard Onslow lanzó un ataque contra la política exterior del rey Carlos I, porque, en su opinión, se había «envuelto en sus propias púas» como un erizo, pero eso sólo fue un comentario de pasada). Aquel debate de 1566 desembocó en la decisión de conceder una recompensa de dos peniques por cada erizo, ya que los granjeros creían que chupaban la leche de sus vacas por la noche y, como resultado, se cazaron y entregaron hasta dos millones.

Ése fue otro de nuestros errores: los erizos son intolerantes a la lactosa y la leche puede matarlos. De hecho, prefieren los insectos y el agua, hasta el punto de que se tenían en algunas cocinas victorianas como forma de control de plagas, para mantener a raya a las cucarachas. Son una peculiar mezcla de dureza y delicadeza, inmunes a la mayoría de venenos de serpiente, pero que, en ocasiones, pueden sufrir una afección conocida como «síndrome del globo». La glotis que tienen en la parte superior de la tráquea, que se abre y se cierra, puede atascarse e impedir que el aire salga; el erizo se infla más del doble de su tamaño habitual y hay que pincharlo como un globo. Con la llegada del otoño, existe el peligro añadido de que tienden a meterse en las fogatas, por lo que corren el riesgo de morir quemados el cinco de noviembre, en la Noche de Guy Fawkes.

Si no estuviéramos acostumbrados a los erizos, si sólo existieran en Yosemite o en el delta del Okavango, seguramente viajaríamos miles de kilómetros para verlos, para contemplar su peculiar belleza. Son tiempos difíciles y el mundo ya está en llamas, así que lo menos que podemos hacer es abstenernos de prender fuego a algunas de las criaturas más inteligentes y gentiles del mundo.

El
elefante

En 1870, el ejército prusiano sitió París. Sus defensas eran formidables, por lo que, en lugar de luchar, los prusianos, dirigidos por Guillermo I, optaron por rodear la ciudad y someter a su población por inanición. El hambre hizo que los parisinos se desesperaran, pero también los volvió creativos. Una rata, ahumada y aderezada con especias, podía valer dos francos, mientras que por un gato podía llegar a pagarse doce. Un tendero de lujo, propietario de la Boucherie Anglaise del Boulevard Haussmann, se acercó al zoo, con el ojo puesto en los dos elefantes machos. A cambio de veintisiete mil francos, pudo hacerse con Cástor y Pólux. Dado que nadie tenía experiencia en el sacrificio de este tipo de animales, se contrató a un tirador para que les disparara con balas explosivas de punta de acero. Se despellejaron y vendieron a precios prohibitivos a los ciudadanos más ricos de París. Henry Labouchère, político inglés, propietario de un teatro y autor de *Diary of the Besieged Resident in Paris*, escribió: «Ayer cené una rodaja de Pólux, un elefante que fue sacrificado junto a su hermano Cástor. Su carne era correosa, grasa y de mala calidad. No recomiendo que las familias inglesas coman elefante, siempre que puedan conseguir ternera o cordero».

Las trompas de Cástor y Pólux, la parte más tierna, se vendían como manjar a cuarenta francos el medio kilo. Los hambrientos ciudadanos que se las comieron consumían, sin saberlo, una maravilla. Esta parte del elefante es una fusión del labio superior y la nariz, compuesta por cuarenta mil músculos (nosotros tenemos unos 650 en todo el cuerpo). Lo que parece un apéndice inmanejable y errático está, de hecho, bajo el control tranquilo y confiado del animal; con su punta prensil, el elefante africano puede arrancar una sola brizna de hierba, levantar 350 kilos o balancear a un hombre en el aire. Sus dos mil receptores olfativos (los sabuesos sólo tienen ochocientos) les permiten percibir el agua a más de tres kilómetros de distancia; se les da tan bien que, en Angola, se ha adiestrado a un pequeño grupo de elefantes africanos para olfatear minas terrestres. Para vadear los ríos más profundos, pueden utilizarla a modo de esnórquel para poder bucear. Y también es su trompa lo que les permite barritar cuando se asustan, excitan o preparan para una pelea.

Pero no es con la trompa con lo que emiten sus sonidos más notables. Los elefantes forman parte de un selecto grupo de seres vivos (las ballenas son los más famosos) que pueden comunicarse mediante sonidos de tan baja frecuencia que resultan imperceptibles para el oído humano. Cuanto más baja es la frecuencia de una onda sonora, más lejos puede viajar; en sus vocalizaciones, conocidas como infrasonidos, los elefantes utilizan sus inmensas laringes para producir una nota tan baja que puede oírse a diez kilómetros a la redonda. También son capaces de producir ondas infrasónicas que penetran en el suelo y que pueden percibir en sus patas manadas situadas a cientos de kilómetros, algo muy práctico en época de celo para localizarse los unos a los otros a enormes distancias. Lo que a nosotros podría parecernos un elefante pensativo y silencioso, podría tratarse en realidad de un animal intercambiando información sobre depredadores, recursos hídricos o sexo a través de un evolucionado sistema telegráfico en mitad de la naturaleza.

Pero su trompa también es su punto débil. Desde el año 77 de nuestra era, hemos creído que los elefantes temen a los ratones porque podrían trepar por su trompa e instalarse en ella. John Donne escribió un poema en 1601 que describía a un malvado ratón que subía por la trompa de un elefante y se comía su cerebro:

> *Esa gran obra maestra de la naturaleza, el elefante,*
> *(el único gran ser inofensivo), el gigante*
> *de las bestias...*
> *Su fibrosa probóscide con descuido yacía,*
> *y por ella subió, cual galería,*
> *un ratón que recorrió su vasta morada,*
> *hasta el cerebro, alcoba del alma sagrada,*
> *donde royó los hilos de la vida. Como todo un poblado*
> *desde dentro socavado, el animal cayó desplomado.*

En realidad, los elefantes no temen en absoluto a los ratones, a menos que los sorprendan en la penumbra, pero sí que les aterrorizan las abejas, porque se les meten dentro de la trompa y les pican los tejidos blandos. Se les ha visto huir de enjambres, agitando las orejas, barritando de furia y dolor. Este miedo ha permitido desarrollar una estrategia de éxito en algunos países del sur de África, en zonas donde los elefantes son una molestia para los cultivos y el conflicto elefante-humano está muy extendido. Se han instalado colmenas alrededor de los campos para que las abejas actúen a modo de centinelas, forzando a los elefantes a buscar comida en otra parte, y como beneficio adicional, los pueblos reciben abundante miel.

Plinio, poco dado a sentimentalismos, creía que se encontraban entre las creaciones más adorables de la naturaleza. «Se cuenta que es tan grande la clemencia de este animal hacia los menos fuertes, que en una manada aparta con la trompa a los que se ponen delante para no aplastar a ninguno por descuido». La teoría de Plinio tenía algo de cierto: son animales gentiles y con un gran sentido del cuidado. Los elefantes que regresan a un grupo matriarcal son recibidos con abrazos ceremoniales, trompas entrelazadas y colosales resoplidos de alegría. Al encontrarse con los huesos de sus muertos, los saludan, tocando levemente los cráneos y los colmillos con sus trompas y sus enormes y pesados pies. Se sabe que entierran a sus fallecidos, cubriéndolos con tierra y hojas de vivos colores, colaborando entre todos y rodeando el cadáver con frutas y flores.

No hay nada en la tierra tan grande como un gran elefante; son los más grandes entre nosotros. El mayor jamás registrado fue un macho africano de Angola, con cuatro metros de altura hasta el hombro y once mil kilos (el peso de un camión de la basura, cargado con una máquina expendedora y un piano de cola). El elefante asiático, con su frente abollada de dos cúpulas y sus maneras más dóciles, es más pequeño, pero sigue teniendo un tamaño prodigioso; un macho medio mide 2,7 metros, lo mismo que Robert Wadlow, el hombre más alto del mundo. Y luego está el elefante de Borneo, una subespecie del asiático, conocido localmente como elefante pigmeo, que sólo vive en las zonas septentrionales de la isla y que, de hecho, no es para nada diminuto (un treinta por ciento más pequeño que el asiático continental), pero su cara redonda, su trompa corta y sus orejas desproporcionadamente grandes lo hacen parecer una miniatura ágil. Su cola es tan larga que, a veces, roza el suelo, dejando tras de sí una línea ondulante en el polvo a medida que va avanzando, algo así como una flecha muy larga que parece decir: «Elefantes en esta dirección».

Nadie sabe a ciencia cierta de dónde procede exactamente este elefante más pequeño. Durante muchos años, la teoría fue que habían sido introducidos en Borneo en el siglo XVIII por el sultán de Sulu y que descendían de una raza única de elefantes domesticados, seleccionados por su pequeño tamaño. Son mucho más amables y curiosos que sus congéneres de tierra firme, lo que se ofreció como prueba de que una vez vivieron en armonía con el hombre. Sin embargo, no les gusta nada la intervención humana en sus bosques. Pisotean con gran meticulosidad las trampas colocadas para animales más pequeños por los cazadores locales, aunque no supongan una amenaza para ellos.

Pero un análisis genético reciente ha descubierto que es probable que el elefante de Borneo llegara a la isla mucho antes que el sultán; es posible que, durante el Pleistoceno, cuando la era glacial había creado un puente entre Indochina y Borneo, los elefantes lo cruzaran en procesión. Cuando el hielo se derritió, se impusieron en la isla y, durante trescientos mil años, fueron el mamífero más grande de su entorno, aunque el más pequeño entre los gigantes. Se han adaptado al calor de la isla y se cubren de barro durante los meses de verano para protegerse del sol. Sin embargo, la deforestación para las plantaciones de aceite de palma ha arrasado gran parte de su hábitat, por lo que se ven obligados a vivir cada vez más cerca de los humanos, pisoteando cultivos y destruyendo medios de subsistencia. Cientos de humanos y elefantes mueren cada año; por desgracia, tal y como están las cosas, no estamos hechos para ser buenos vecinos. Según una estimación bastante optimista, quedan unos 1500 elefantes de Borneo. La caza furtiva para obtener colmillos, piel, pelo y carne, y nuestro constante desplazamiento hacia espacios verdes sin cultivar, hacen casi imposible que puedan recuperarse. Donde una vez hubo una franja de belleza, ahora sólo quedan pequeñas manchas de ella. Son víctimas de un enigma mucho mayor: que, como especie, todavía no hayamos sido capaces de aceptar que hay cosas que no podemos deshacer.

La deidad con cabeza de elefante, Ganesha, es, en el hinduismo, el más sagrado «liberador de obstáculos», una figura gloriosa: el dios de los comienzos. Según una de las varias versiones que existen, fue creado por la gran diosa Parvati; para evitar que nadie la molestara mientras se daba un baño, moldeó un niño con pasta de cúrcuma y la piel que se le desprendía de los brazos mientras se frotaba. Lo puso a vigilar en la puerta de su habitación y así, cuando el dios Shiva, su marido, intentó entrar, Ganesha, obediente, le cerró el paso. Pero Shiva, furioso, le cortó la cabeza. Parvati, desconsolada y furiosa, ordenó a Shiva que le devolviera la vida al niño. Arrepentido, envió a sus hombres a traer la cabeza de la primera criatura que vieran, que resultó ser un elefante. Ganesha es también el *deva* de la sabiduría, quien pactó con el sabio Viasa la transcripción de la gran epopeya *Mahabharata*. Para que no se eternizaran, se puso la condición de que Viasa dictara y Ganesha escribiera a la vez, sin que ninguno de los dos parara. Tras tres años de escribir y hablar sin parar, la epopeya estaba casi terminada, cuando a Ganesha se le rompió la pluma, así que, sin detenerse, se arrancó el colmillo, lo mojó en tinta y siguió escribiendo. Es, por tanto, un mecenas de las artes y las ciencias. Este dios con cabeza de elefante, retratado con un colmillo roto, rinde homenaje al aprendizaje y a la esperanza que trae consigo, dos cualidades difíciles de manejar que cada vez necesitaremos más en los años venideros.

El
caballito de mar

Poseidón sí que sabía viajar. Su carro submarino estaba flanqueado por ninfas (hasta treinta y tres, si creemos a Homero o cincuenta, según Hesíodo) y de él tiraba un grupo de caballitos de mar. Virgilio escribió sobre ellos:

tal calló todo el estruendo de las olas, apenas el padre Neptuno,
tendiendo a lo lejos la vista sobre el mar bajo un cielo ya sereno,
da la vuelta a sus caballos y les larga las riendas, volando en su
propicio carro.

El poeta Robert Herrick, autor de muchos versos sobre la muerte, imaginó al caballito de mar como el corcel heroico ideal:

Traedme al hombre que osa montar
al brioso caballito de mar,
para con orgullo cabalgar
por el inmenso campo de agua,
donde vientos y mares apacigua.

Se decía que los antiguos pescadores griegos, cuando liberaban los caballitos de mar de sus redes, creían tener en sus manos las crías recién nacidas de los corceles de Poseidón. El mayor del mundo, el caballito barrigudo, con sus treinta centímetros de largo, sería lo bastante grande como para que lo montara un bebé humano, siempre y cuando ambos estuvieran por la labor. El más pequeño, el caballito de mar pigmeo de Satomi, con sus trece milímetros, no cubriría ni la articulación superior de tu pulgar. Pero cualquier caballito de mar, del tamaño que sea, sería un medio de transporte más que adecuado para un dios, porque los dioses anhelan nuestro asombro y todo en el caballito de mar es asombroso.

El hipocampo es la única especie del reino animal en la que el macho da a luz. La hembra deposita sus huevos en la bolsa abdominal de su compañero en un proceso que parece una versión algo más íntima de usar un buzón de correos. Los fecunda al entrar y los mantiene seguros mientras se gestan entre dos y seis semanas. El parto es, a la vez, glorioso y desconcertante. Se asemeja más a un cañón de confeti que a un nacimiento; el caballito de mar macho parece convulsionar, como si estornudara o vomitara, y de la abertura en la parte superior de su vientre brota una manada de diminutos caballitos de mar, hasta un millar y medio de alevines, antes de desaparecer en una nube de sus propias crías. Menos del cero coma cinco por ciento de sus pequeñas crías llegarán a la edad adulta, motivo por el cual el macho asume la gestación; este sistema permite a la hembra comenzar de inmediato a fabricar otro lote de huevos, lo que a su vez posibilita más embarazos durante la temporada de cría, lo que significa más alevines y más posibilidades de vida.

Son muchos los caballitos de mar que se emparejan una vez y para toda la vida. Encontrar compañero, entre olas y remolinos de vegetación, no debe ser nada fácil; su magnífico camuflaje hace que les cueste incluso verse entre sí y eso, unido a su incapacidad para desplazarse con velocidad o precisión por un mar en constante movimiento, hace que encontrar a su media naranja les resulte excepcionalmente estresante; si permanecen fieles, ganan tiempo para tener más embarazos y aumentan sus posibilidades de éxito reproductivo. Quizá no sea todo lo romántico que podría ser, pero también bailan. Cada mañana, los dos se encuentran en el territorio del macho y, a medida que se van acercando, sus colores cambian, pasando de sutiles tonos de camuflaje a vivos matices, del marrón al blanco, del blanco al amarillo. El caballito de mar tiene, incrustadas en la piel, pequeñas células llenas de pigmento líquido llamadas cromatóforos y, al contraerlos o expandirlos, aparecen diferentes colores con distinta intensidad... naranja, rosa, rojo, un poco como tocar un órgano cromático. Giran en torno al otro mientras brillan; el macho se enrosca alrededor de la hembra y sus colas se entrelazan. Mientras se mueven, van emitiendo chasquidos (uno de los dos únicos ruidos de los que son capaces; el otro es un diminuto gruñido gutural cuando se sienten amenazados, tan débil que resulta casi imperceptible para el oído humano). Luego la hembra regresa a su territorio, hasta el día siguiente, cuando vuelven a bailar. Para los escritores, los ermitaños y los misántropos a tiempo parcial, podría parecer un matrimonio ideal.

Desde el punto de vista técnico, un caballito de mar es un pez, pero también lo es un tiburón, así que no es un dato que aporte demasiado. Eso sí, a diferencia de los tiburones, son muy frágiles. Dado que el mar los zarandea con facilidad, tienen una sola aleta en la espalda para propulsarse hacia delante; las dos pequeñas aletas pectorales situadas detrás de los ojos sólo sirven para maniobrar. Baten la aleta dorsal de un lado a otro hasta cincuenta veces por segundo, pero aun así el progreso es lento y agotador, no muy diferente a estar de pie sobre unos patines e intentar impulsarse agitando una copia del aterrador *Informe de Evaluación Mundial sobre la Diversidad Biológica y los Servicios de los Ecosistemas* de la ONU. En las tormentas, el mar puede lanzarlos y zarandearlos hasta que mueren de agotamiento. Hay otros factores que tampoco les facilitan la vida, como el hecho de no tener estómago, lo que los obliga a comer casi sin parar para no morir.

Pertenecen a la familia *Syngnathidae*, del griego *syn*, juntos, y *gnathos*, mandíbula: sus mandíbulas fusionadas les impiden masticar; en su lugar, aspiran plancton y pequeños crustáceos a través de su largo tubo bucal. Se cree que la forma del caballito de mar podría explicarse por los cambios tectónicos de hace miles de años, cuando el movimiento de la Tierra creó aguas poco profundas en las que podían prosperar «praderas» de pastos marinos. Podría ser una versión muy evolucionada del poco agraciado y vermiforme pez aguja; las hierbas, que crecen verticales hacia el sol, pueden haber provocado que, con el tiempo, un nadador parecido al pez aguja adoptara una postura erguida al desplazarse por la pradera marina. Pero, a pesar de su fragilidad, han evolucionado con un gusto exquisito: la fuerza y flexibilidad de sus colas les permiten agarrarse al coral o a las raíces de las hierbas para descansar, o engancharse a parches de vegetación flotante y desplazarse por el océano a una velocidad que, para un caballito de mar, es vertiginosa.

Parecen criaturas míticas. El dragón de mar foliado, de aspecto tan imposible como suena, es capaz de transformarse para adaptarse a las algas entre las que se esconde; el caballito del Pacífico puede pasar del dorado al granate. Sin embargo, esta capacidad ha dificultado la tarea de determinar cuántas especies hay en realidad porque, durante un tiempo, algunos investigadores pensaron que podría haber doscientas especies en el mundo, mientras que otros creían que sólo eran unas cuantas docenas. Al final hemos llegado a la conclusión de que hay cuarenta y siete, pero corremos el riesgo de descubrirlas tan sólo para perderlas; doce son vulnerables, diecisiete están catalogadas con datos insuficientes y dos están en peligro. Su número está disminuyendo en todo el mundo; la población de caballitos de mar de Filipinas se ha reducido en casi tres cuartas partes en diez años. Cuando acaban atrapados en las redes de arrastre destinadas a otros peces, redes que también arrasan el fondo oceánico y destrozan su hábitat, se desechan o se desecan y se venden a China y Taiwán, donde se consumen veinte millones al año y su uso medicinal se remonta a hace dos mil años. Hasta que una legislación urgentemente necesaria prohíba estas formas de arrastre, tendremos que negarnos a comer cualquier cosa que se extraiga del océano mediante una pesca no selectiva que propicia la sobreexplotación. El aumento de la temperatura del mar, más invisible y mortal, hace que no tengan tiempo de desplazarse a aguas más frías, lo que provoca muertes masivas. La posibilidad de que la mayoría de las especies pasen a ser míticas de verdad en 2050 es muy real.

Vivimos en un mundo lleno de estas maravillas. Deberíamos despertarnos cada mañana y, mientras nos vestimos, recordar al caballito de mar y empezar a gritar de asombro y no dejar de hacerlo hasta quedarnos dormidos, y así todos los días. Si tan sólo les prestáramos atención, cada caballito de mar contiene suficientes maravillas en sí mismo como para dejar boquiabierta a toda la humanidad.

El
pangolín

No creía en el amor a primera vista hasta que descubrí que para todo hay una excepción y, en este caso, es el pangolín. Llegar a este pangolín hembra en concreto no fue nada fácil, como cabría esperar de algo tan extraordinario. Vive en un proyecto de conservación de la fauna salvaje a las afueras de Harare (Zimbabue). Las carreteras de la ciudad llevan años deteriorándose; los huecos se parchean con ladrillos y, durante la estación lluviosa, sería posible bañar a un gran danés en los baches. Hace tiempo que robaron la mayoría de las señales de tráfico (se rumorea que se utilizaron como asas de ataúdes durante el brote de cólera de 2008, aunque es probable que sea falso en su mayor parte), por lo que se conduce a base de conjeturas y esperanzas. En el arcén crecen buganvillas de color rosa y morado que, de vez en cuando, ocultan los semáforos.

Al pangolín se le suele describir como un oso hormiguero escamoso debido a su dieta y por ser el único mamífero cubierto por completo de escamas, pero esta definición no reconoce el hecho de que sus escamas son del mismo tono gris verdoso que el mar en invierno y que su cara le hace parecer un académico inusualmente educado. Su lengua es más larga que su cuerpo y la guarda enrollada con esmero en una bolsa interior, cerca de la cadera. Su nombre procede de la palabra malaya *penggulung*, que significa «rodillo»; cuando se ven amenazados se enroscan en una bola casi impenetrable. Su mecanismo de defensa los ha convertido en presa fácil de los humanos porque, en lugar de ofrecerle protección, hace que resulten fáciles de transportar.

Los pueblos sangu del suroeste de Tanzania pregonaban la llegada de un pangolín como un gran acontecimiento; en el folclore se decía que caen del cielo, enviados por los antepasados, y que siguen a casa a la primera persona que encuentran en el monte. Si un pangolín llegaba a casa de una persona, se le trataba con respeto y cautela a partes iguales. Tras sacrificar una oveja y vestir al pangolín con un traje negro, se realizaba una ceremonia entre canciones que terminaba en baile. Se decía que el animal también bailaba, levantándose sobre sus patas traseras. En la mayoría de los relatos de la ceremonia, que datan en gran parte de la década de 1950, era sacrificado, envuelto en tela negra y enterrado para devolvérselo a los antepasados. En Zimbabue, al principio, el folclore se opuso a la matanza de pangolines. Eran heraldos de la buena suerte más pura y las madres aún cuentan a sus hijos que los pangolines son la fuente del oro aluvial que a veces se puede encontrar en el suelo, excrementos de pangolín, hormigas digeridas convertidas en tesoro.

Sin embargo, en los últimos tiempos, se ha ofrecido a las comunidades rurales de Zimbabue, donde 1,6 millones de niños viven en condiciones de extrema pobreza, una fuente alternativa de ingresos: la caza del pangolín. Las autopistas de Harare llevan años repletas de vallas publicitarias con imágenes de pangolines y el lema patrocinado por el gobierno: «*El tráfico de especies salvajes es un delito. África es una aventura: disfrútala, no la destruyas*». Lo que se pide en el cartel es bastante difícil, porque el incentivo es muy alto, la necesidad muy grande y los pangolines son, en estos momentos, los animales con los que más se trafica en el mundo. Sus escamas se utilizan en la medicina tradicional china y se consume como manjar; se cree que la carne de pangolín asada estimula la lactancia y mejora la circulación sanguínea. En un reportaje de 2007 de *The Guardian*, un chef de Guangdong explicaba cómo prepararlo:

> *Los mantenemos vivos en jaulas hasta que el cliente hace un pedido. Luego los golpeamos hasta dejarlos inconscientes, los degollamos y les drenamos la sangre. Es una muerte lenta. A continuación, los hervimos para quitarles las escamas. Cortamos la carne en trozos pequeños y la utilizamos para preparar diversos platos, como carne estofada o sopa. Por lo general, los clientes se llevan después la sangre a casa.*

De las ocho especies de pangolines, dos figuran como en peligro crítico en la Lista Roja de Especies Amenazadas de la Unión Internacional para la Conservación de la Naturaleza. En las aduanas de Pekín se han incautado más de una tonelada de escamas que se enviaban a China y cada tonelada equivale a 1660 animales. Es un hecho tan agotador, tan triste, que resulta difícil de comprender.

Por ahora, sin embargo, siguen buscando comida, deambulando por ahí, apareándose y, en algunos casos, incluso trepando. Las largas garras y la cola prensil del pangolín arborícola africano, una de las ocho especies existentes, le permiten caminar erguido por troncos de árboles sin ramas con la facilidad y despreocupación de un paseo dominical; a pesar de ser de baja estatura y patas cortas, la gravedad no les intimida. Como ocurre con todas las especies, la cría recién nacida de pangolín arborícola cabalga sobre la espalda de su madre durante los primeros meses, elevándose a grandes alturas arbóreas mientras se aferra a la base de la cola de su progenitora. Para dormir, la cría suele enrollarse en una bola y la madre forma su bola alrededor: matrioskas de pangolín.

Esta pangolina de Zimbabue en concreto tiene un cuidador, un hombre que camina con ella por la sabana de hormiguero a termitero durante diez horas al día, sin perderla de vista. Necesita consumir unos setenta millones de insectos al año para subsistir. Si la distancia es más o menos corta, camina. Si es más larga, su cuidador la lleva en brazos o en una mochila especialmente diseñada para ella. La dejó en el suelo para enseñarme cómo camina un pangolín: se mueve sólo sobre las patas traseras, con las delanteras levantadas y las largas garras juntas delante de ella, como si entrelazara los dedos, ansiosa. Volvió junto a su adiestrador, apoyando una pata trasera en su zapato para poder subirse con mayor facilidad a su hombro. No se parecía a nada que hubiera visto hasta entonces. Su belleza hace que otras formas de belleza (diamantes, rubíes, muñecas adornadas con un Rolex) parezcan una estafa. Pero, en Zimbabue, poseer un pangolín sin autorización está penado con nueve años de cárcel, algo de lo que me alegro.

Resulta increíble que, en este viejo mundo caído en desgracia, existan seres tan bonitos como los pangolines; es como si debieran ser estrictamente prelapsarios. Y, de hecho, son prehistóricos; tienen ochenta millones de años, frente a nuestros seis millones. Llegaron aquí primero, cuando se originaron las cosas; tienen un derecho ancestral, irrefutable e indiscutible a quedarse.

La cigüeña

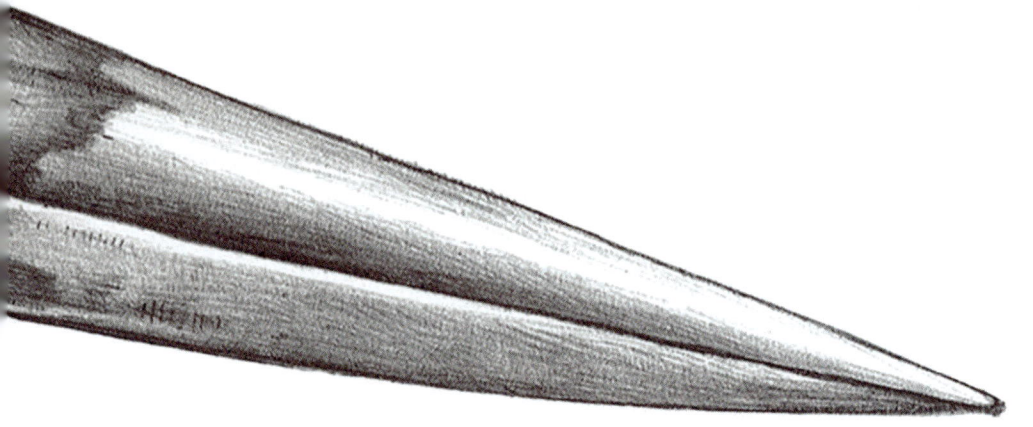

Corrían tiempos de guerra y de los cielos caía la propaganda como gotas de lluvia. Aviones nazis lanzaban panfletos sobre las líneas británicas de Europa para decirle a los hombres que sus esposas estaban en la cama con soldados estadounidenses, con dibujos de dichas esposas desnudas. Las fuerzas aliadas hacían volar globos de hidrógeno sobre las tropas del Eje para difundir imágenes de campos repletos de tumbas alemanas. Pero el alcance tanto de los aviones como de los globos era limitado, así que cuando Himmler quiso enviar propaganda al Transvaal en un intento de ganarse el apoyo de los bóeres, ordenó a sus científicos que investigaran la posibilidad de utilizar cigüeñas migratorias como portadoras. Comenzaron los vuelos de prueba de la *Storchbein-Propaganda*, hasta que se comprobó que se necesitarían mil pájaros para que tan sólo diez panfletos alcanzaran su objetivo. Se abandonó el plan. Otros, en el bando aliado, fueron más persistentes. En 1940 se encontró una cigüeña muerta en una granja del Transvaal Septentrional con un mensaje escrito en un trozo de cinta cosido a la pata, enviado por la resistencia de la Holanda ocupada: «A nuestros hermanos sudafricanos: nosotros, los habitantes de Bergen op Zoom, os decimos que vivir bajo la ocupación alemana es un absoluto infierno».

Las cigüeñas siempre han sido nuestras aves portadoras y las hemos amado por ello, aunque no está del todo claro por qué les decíamos a los niños que se los entregaban a sus padres colgados del pico. La historia puede tener su origen en la mitología eslava, donde la cigüeña transporta las almas no nacidas desde Vyraj, un paraíso primaveral, a la Tierra. También es posible que se trate de un error de identidad: en el mito griego, Hera, la consorte de Zeus, transforma a la reina pigmea Gerana en un pájaro de largas patas; Gerana rescata entonces a su bebé de las garras de Hera, llevándolo en su pico. Pero el ave del mito original es una grulla (*geranos*), no una cigüeña. La versión que mejor conocemos es la de Hans Christian Andersen. Su interpretación es más *heavy metal* que la nuestra: un niño cruel se burla de un grupo de cigüeñas jóvenes, por lo que su madre cigüeña les dice que conoce el estanque «en que yacen todos los bebés, hasta que las cigüeñas vamos a buscarlos [...]. Traeremos un hermanito o hermanita a los niños que no hayan cantado la canción y se han portado bien con las cigüeñas». Pero, para el niño cruel, «en el estanque yace un bebé muerto, que ha soñado hasta morir. Se lo llevaremos al niño travieso, que llorará porque le hemos traído un hermanito muerto». Esta parte de la historia suele omitirse en las tarjetas de felicitación.

En 1822, las cigüeñas resolvieron el misterio de dónde desaparecían las aves en invierno. La cuestión había desconcertado a los ornitólogos desde la Antigüedad. Aristóteles estaba bastante seguro de que las cigüeñas hibernaban en los árboles. También dedujo que los colirrojos se transformaban en petirrojos en los meses de invierno y volvían a transformarse en primavera. En esto no estaba más equivocado que Olaus Magnus, arzobispo de Upsala, quien en 1555 informó de que las golondrinas pasaban el invierno en el fondo de los lagos fangosos. Los relatos indígenas norteamericanos hablaban de colibríes que hacían autostop a lomos de gansos; Homero sugirió que, cada primavera, las grullas iban a la guerra contra «los pigmeos» en los confines de la tierra, en venganza, según él, por los malos tratos de Hera a su reina. En 1694, el científico Charles Morton afirmó con total seriedad que la cigüeña, junto con la golondrina y la grulla, invernaban en la Luna. Entonces, en 1822, llegó a un pueblo alemán una cigüeña con una lanza de setenta y cinco centímetros clavada en el cuello. El arma, con punta de metal, que atravesaba el pecho del ave y salía por el lateral del cuello, fue identificada como procedente de África central. La cigüeña herida, *Pfeilstorch*, era la prueba que estábamos esperando: las aves volaban todos los años por medio mundo y luego regresaban en primavera (algo mucho más improbable y propio de un cuento de hadas que pasarse todo el invierno en el interior de un árbol local).

Muchas de nuestras historias sobre cigüeñas son historias de amor, extravagantes alabanzas a su inteligencia y heroísmo. Y hay mucho que elogiar, porque son muy grandes, los Hércules de las aves (de las diecinueve especies, la mayor, el marabú africano, puede alcanzar el metro y medio de altura, con una envergadura de hasta tres metros). Parecen sabias: la cigüeña blanca tiene un trazo de delineador negro en los ojos que le confiere cierto aire de inteligencia cómplice. En 1536, la ciudad de Delft fue pasto de las llamas y un médico holandés, Adriaen de Jonghe, vio cómo una cigüeña hembra volvía de cazar y encontraba su nido ardiendo. Intentó sacar a sus crías y, al no conseguirlo, las cubrió con su cuerpo y se dejó quemar junto a ellas. En 1820, se informó de que las cigüeñas habían extinguido las llamas que atravesaron la ciudad de Kelbra, aunque el supuesto autor de esta afirmación, el «poco conocido» y posiblemente apócrifo Okarius de Rudolstadt, no explicó cómo. Las cigüeñas aparecen incluso en la Crucifixión. Son en gran parte mudas, pero en la tradición escandinava se dice que una cigüeña giraba y daba vueltas sobre la cruz, gritando con gran esfuerzo «¡*styrka, styrka*!» («¡fortaleceos!» en sueco). De ahí, al parecer, su nombre tanto en sueco como en inglés: *stork*.

Nuestra admiración por las cigüeñas ha oscilado, de forma azarosa y destructiva, entre lo sentimental y lo gastronómico. Al menos cuatro especies están en peligro a causa de la caza y la pérdida de su hábitat. Hasta hace muy poco, Gran Bretaña era un país sin cigüeñas propias. Las penúltimas crías nacidas en Inglaterra lo hicieron en 1416; después hubo que esperar 604 años, hasta mayo de 2020, cuando nacieron cinco polluelos de uno de los centenares de aves introducidas como parte de un proyecto de renaturalización en la finca Knepp, cerca de Horsham, en Sussex. Nadie sabe por qué se extinguieron en Gran Bretaña; se dice que prefieren las repúblicas, así que podríamos culpar a la familia real, pero es más probable que fueran cazadas para su consumo hasta hacerlas desaparecer. Figuraban en los festines medievales como uno de los ingredientes del pastel de caza, exquisitez que también podía incluir garzas, grullas, cuervos, cormoranes y avetoros. En Europa, formaron parte del ritual de cenas espectaculares hasta bien entrado el siglo XVII: comida dorada con metales preciosos, gallos con sombreros de papel montados a lomos de un cerdo, cabezas de jabalí por cuya boca salían fuegos artificiales, y cigüeñas asadas a las que se les volvían a poner las plumas para que parecieran que acababan de plegar las alas para posarse en la mesa.

A su vuelo, cómodo y con escaso aleteo, se le podría atribuir el mérito de traernos la aviación humana, ya que el gran aeronauta del siglo xix Otto Lilienthal construyó sus planeadores experimentales basándose en los movimientos de las cigüeñas. Estudió la forma en que mueven las alas, la facilidad con que planean en las corrientes térmicas, cómo despegan con el viento en contra, y la manera en que sus alas se estrechan hasta acabar en punta y tienen una sección transversal con una curva exquisita. «Podría dar la impresión», escribió Lilienthal, «de que el único motivo por el que se creó la cigüeña fue despertar en nosotros el deseo de volar, para que nos sirviera de maestra en este arte». En 1893, tras saltar desde las colinas de Rhinow en su avión con forma de cigüeña, fue capaz de recorrer 250 metros, lo suficiente como para experimentar de verdad el vuelo. Murió tres años después cuando su planeador se paró en el aire, un accidente del que las cigüeñas son indirectamente responsables.

Se dice que traen suerte a las casas en las que se posan (también suponen un peligro de incendio, ya que construyen nidos de hasta 1,8 metros de diámetro y tres metros de profundidad, que van ampliando año tras año). Una vez vi una en Zimbabue levantando insectos de la hierba y atrapándolos con su largo pico, una imagen que te deja sin palabras. De pie, todo patas y pico, parecen un trazo de caligrafía de un dios extravagante y ambicioso. Incluso las más feas, como el marabú, que con sus mechones de pelo y su gran bolsa en el cuello que cuelga como una bufanda o un testículo y que le hace parecer un director de funeraria de mala reputación, son impresionantes. Producen maravillas sin previo aviso: cuando la cigüeña lanuda abre las alas en vuelo, deja ver una franja de piel sin plumas en la parte inferior del antebrazo que brilla con un sorprendente rojo rubí. De estos ruidosos heraldos de la vida y portadores de esperanza se dice en Europa del Este que el nervioso tintineo de sus picos es un aplauso por la llegada del verano. Sus alas en el cielo primaveral se leen como un semáforo de banderas que, al desplegarse en el aire, proclaman: «¡Fortaleceos, fortaleceos!».

La
araña

Me gustan las arañas y me gustan los gimnastas, pero no me gusta la fusión de ambas cosas. Les agradecería mucho que se decantaran por una de las dos opciones. Y, sin embargo, las arañas saltarinas existen y son magníficas, a su manera. No nos han enseñado a amar seres con cuatro pares de ojos, pero hay grandeza en ellos.

De las cuarenta y cinco mil especies de arañas existentes, la saltarina quizá sea la más valiente; mientras las viudas negras prefieren esconderse de los humanos, ellas avanzan e investigan. Una araña saltarina del tamaño de la uña de mi dedo meñique puede saltar sobre un gran saltamontes y matarlo, lo que más o menos equivaldría a que yo saltase sobre un Volvo Estate y lo devorase. Y hay muchas; el clan de las arañas saltarinas es el más numeroso del mundo arácnido. Pertenecen a la familia *Salticidae*, y existen 610 géneros y más de 5800 especies descritas, aproximadamente el trece por ciento de todas las arañas. Son los tigres del mundo arácnido, feroces y ágiles; algunas pueden saltar hasta cuarenta veces la longitud de su propio cuerpo. Al igual que todas las arañas y a diferencia de nuestro vulnerable ejemplo carnoso, el saltícido mantiene su músculo a salvo dentro de sus huesos, por lo que su exoesqueleto envuelve y protege el músculo, aunque el de sus patas no sea especialmente fuerte. Pero la araña saltarina es una bomba hidráulica en miniatura; contrae el abdomen, obligando a los fluidos corporales, en gran parte la sangre, a ir hacia las patas traseras, lo que hace que éstas se enderecen, catapultándola hacia delante. Mientras saltan, atan un hilo de seda de seguridad a su punto de partida; si el salto falla y la presa escapa, siempre pueden volver a lugar seguro, ilesas y sin pasar vergüenza. Su sangre, como corresponde a su estatus, es azul.

Soy consciente de que las arañas son difíciles de apreciar. Todas parecen ángulos rectos y barbas incipientes, no duermen, nunca cierran los ojos y nos resulta difícil admirar aquello que no parpadea. Entre el tres y el cinco por ciento de la población humana mundial es aracnofóbica, aunque la propensión no está repartida con uniformidad; es mucho menos común en lugares tropicales, donde abundan los especímenes grandes y peludos. Antes se pensaba que los aracnofóbicos eran especialmente sensibles a los indicadores de movimiento de las patas de las arañas, pero no se han encontrado pruebas de ello, ni tampoco se ha asociado el miedo a las arañas con una mayor predisposición al miedo en general. Parece ser hereditaria, y es posible que haya habido alguna pequeña ventaja evolutiva en el aumento de la cautela (aunque el pánico que acompaña al miedo no habría sido de gran ayuda), pero por qué algunos son fóbicos y otros no sigue siendo, en gran medida, un misterio. Pero si te mentalizas como es debido, descubrirás que la familia de las arañas incluye ejemplares de enorme belleza. La araña pavo real costera, por ejemplo, baila para impresionar a la hembra: levanta su abdomen de colores radiantes, marcado en rojo y azul, dejando ver unos pelillos de color naranja chillón que bordean la parte posterior del cuerpo y que sólo son visibles en ese momento de su vida. Otra araña saltarina, *Jotus karllagerfeldi*, se llama así debido a que sus exquisitas marcas blancas y negras (ojos negros y pedipalpos blancos y negros bajo la mandíbula) recuerdan al diseñador Karl Lagerfeld, con sus gafas de sol y su cuello blanco.

Sin embargo, la araña saltarina no es más que una aficionada cuando se trata de producir una de las sustancias más impresionantes del planeta: la tela de araña. En este arte, la maestra es la araña de seda de oro, de la familia *Araneidae*, que produce telarañas amarillas que brillan como el metal precioso bajo la luz del sol y que, una vez tejidas, pueden durar varios años; son tan fuertes que, de vez en cuando, pueden llegar a atrapar pájaros en el aire. Se dice que los primeros pescadores de Nueva Guinea elaboraban con su seda redes lo bastante resistentes como para arrastrar docenas de peces a la vez. En la actualidad, los científicos siguen intentando, hasta ahora sin demasiado éxito, imitar su estructura para fabricar chalecos antibalas.

La tela de araña es algo milagroso, algo que llevamos mucho tiempo queriendo reproducir sin lograrlo, prueba de que nuestro invento, por audaz, bello y milagroso que sea, no es rival para aquello con lo que el mundo ya vibra. No pesa casi nada (un hilo lo bastante largo como para dar la vuelta a la Tierra pesaría menos de quinientos gramos), pero es uno de los materiales más resistentes del planeta, cinco veces más fuerte que una hebra de acero del mismo grosor. La seda que sale de la hilera de cualquier araña es líquida, pero se solidifica en contacto con el aire y es tan fina que se utilizó en la Segunda Guerra Mundial para fabricar las retículas en cruz de las miras militares. Si hiciéramos una inmensa tela de araña del grosor de un bolígrafo, detendría un Boeing 747 en pleno vuelo.

Sin embargo, es importante asegurarse de que se dispone de la seda de araña adecuada para cada cometido. En 1709, François Xavier Bon de Saint Hilaire, un personaje menor de la corte francesa, regaló a Luis XIV el primer par conocido de medias de seda de araña de especie desconocida, confeccionadas con la seda de cientos de los capullos en los que la araña hembra pone sus huevos. Eran de color gris plateado y brillaban bajo la luz, pero cuando el Rey Sol se las puso e intentó caminar, se hicieron pedazos entre sus reales dedos. Además, François descubrió que la propensión de las arañas a comerse las unas a las otras una vez enjauladas complicaba bastante la tarea.

Otras han corrido más suerte. En 1863, el cirujano de la Guerra Civil estadounidense Burt Green Wilder, al toparse con un inmenso nido de arañas de seda de oro, lo cogió con su sombrero y se lo llevó de vuelta a su tienda. Según escribió, la araña bajó de su muñeca colgada de una de sus telarañas.

En lugar de atrapar al insecto, cogí el hilo y tiré. La araña no se movió, pero la tela se estiró con facilidad y, enrollada en mis manos, parecía tan fuerte que até el extremo a una pequeña pluma y, tras colocar la araña en un lateral de la tienda, me tumbé en mi sofá y giré la pluma entre mis dedos.

Al cabo de hora y media, había recogido unos 150 metros de «la seda dorada más brillante y hermosa que jamás había visto». Ideó un diminuto cepo de madera para atrapar arañas con el objetivo de «ordeñarlas» para recoger su seda; sólo abandonó su sueño de confeccionar un vestido para su amada cuando calculó que necesitaría cinco mil arañas. El teniente Sigourney Wales, soldado del mismo regimiento y más razonable que Wilder, recogió la misma seda dorada y la enrolló en bobinas. Según afirmó, fue capaz de venderlas como joyas de oro: alianzas hechas por arañas.

También cabría recordar que, sin arañas, sufriríamos una hambruna mundial. Se comen lo que se comería nuestra comida; mantienen a raya las plagas. Se calcula que las arañas ingieren cada año entre 400 y 800 millones de toneladas de insectos y otras alimañas; en comparación, la humanidad consume unos 400 millones de toneladas de carne y pescado. Comen más insectos que las aves y los murciélagos juntos. También polinizan las plantas, y reciclan los animales y la vegetación muertos para devolverlos a la tierra y, a su vez, constituyen la dieta principal de entre tres mil y cinco mil especies de aves. Sin arañas, pereceríamos. Deberíamos rendirles homenaje con gratitud, lo cual no es difícil, porque, al menos por ahora, están por todas partes. De niña, en Zimbabue, solía encontrar arañas debajo de la almohada, como una moneda del Ratoncito Pérez, pero con ojos y dientes. En un campo de Gales, se podía encontrar más de un millón de arañas en media hectárea de terreno, pero la media puede estar más cerca de los tres millones en los climas tropicales. Hay tantas que, según cuenta la leyenda, te comes ocho arañas enteras al año mientras duermes, algo que, de ser cierto, sería bastante espeluznante. De hecho, una columnista informática, Lisa Holst, escribió un artículo en 1993 sobre cómo los «hechos» falsos circulaban deprisa mediante cadenas de correos electrónicos y utilizaba la historia de las «ocho al año» como prueba de la facilidad con que las falsas estadísticas pueden parecer creíbles. Separada de su contexto, se convirtió en una de las informaciones erróneas más difundidas en la Internet primigenia. En realidad, hay algo de verdad en ello; es cierto que, al cabo de un año, habrás inhalado millones de trozos microscópicos de araña en el polvo, pero si aplicamos esa lógica a todo, según ese cálculo, también habrás inhalado porciones sustanciales de personas.

Pero incluso las arañas tienen miembros en peligro de extinción. La tarántula zafiro metálica, que apenas sobrevive en un pequeño grupo de bosques de Andhra Pradesh, en la India, y que se desplaza entre las copas de los árboles, lejos de la mirada del hombre, es de un asombroso azul Yves Klein; no hay nada en el mundo de ese color tan distintivo y, de continuar su caída desde la categoría de especie en peligro crítico a su total extinción, tampoco lo habrá. La araña enana de los montes Apalaches, de un tono marrón amarillento y del tamaño de un rodamiento de bolas, vive en las telarañas en forma de tubo que teje. La población de abetos de Fraser entre los que se mueve ha sido diezmada por la tala y las enfermedades y, con ellos, la araña que los acompaña. La principal población mundial de arañas enanas parece vivir en un único afloramiento rocoso de Carolina del Norte. Aunque una asamblea tan pequeña pudiera reunirse en la palma de tu mano, su desaparición del planeta no sería una pérdida tan nimia, porque perder algo que una vez existió en el universo, de manera irreversible, por nuestras propias intromisiones imprudentes, ya es algo bastante grande.

En nuestra larga historia de enormes equivocaciones, hemos prodigado muchos de nuestros errores con las arañas. Les hemos atribuido poderes peligrosos que rara vez poseen (menos de una décima parte del uno por ciento de todas las arañas han sido responsables de muertes humanas). Durante los siglos XVI y XVII, se creía que la picadura de un tipo específico de araña lobo (con el confuso nombre de *Lycosa tarantula*, por la región italiana de Taranto, pero que no tiene nada que ver con la especie tarántula) era potencialmente mortal y cuya única cura era que la víctima se lanzara a una danza frenética. Francesco Cancellieri, un prolífico escritor italiano del siglo XVIII, informó:

[...] encontramos al pobre campesino angustiado, con problemas para respirar, y vimos que su cara y sus manos habían empezado a ennegrecerse. Y como esta enfermedad era conocida por todos los presentes, se trajo una guitarra [...]. Primero empezó a mover los pies, luego las piernas. Se puso de rodillas. Pasado un tiempo, se levantó, vacilante [...]. Tras un cuarto de hora, ya estaba saltando, a casi tres palmos del suelo [...] y en menos de una hora, el negro había desaparecido de sus manos y su cara, y había recuperado su color natural.

En previsión, se prepararon partituras musicales curativas especiales, como el *Antidotum Tarantulae* del polímata del siglo XVII Atanasio Kircher, y podría ser que la frenética danza de la araña sea el origen del zapateado y el baile de talones y dedos de la tarantela.

Recientemente, científicos de la Universidad de Manchester adiestraron a una araña saltarina llamada Kim para que brincara cuando se lo ordenaran. Su precisión era asombrosa: nunca fallaba el salto a la plataforma objetivo. Las arañas saltarinas, con sus ocho ojos, pueden ver un espectro de colores más amplio que el nuestro; el mundo les parece diferente, más tecnicolor. También se ha descubierto que algunas están obsesionadas con los programas de naturaleza, más que, por ejemplo, con las sesiones de control al presidente del Gobierno. Son mucho más listas de lo que creíamos. Merece la pena recordar que rara vez descubrimos que algún ser vivo es más simple de lo que pensábamos.

El
murciélago

Si buscas una forma fácil de conseguir la invisibilidad, hazte con un murciélago, una gallina negra y una rana. Extrae los corazones y átalos juntos, pasando un cordel por debajo de la axila derecha. Según el ocultista parisino del siglo xix Émile Grillot de Givry, esto te volverá invisible para todos menos para ti mismo. Los murciélagos han sido ingredientes populares de invisibilidad durante cientos de años, en todos los continentes. Un libro de magia del siglo xviii, espuriamente atribuido a Alberto Magno, instruía: «perfora el ojo derecho de un murciélago, llévalo contigo y serás invisible»; en algunas partes de Trinidad, beber la sangre de un murciélago tenía el mismo efecto. El hecho de que fuera posible comprobar su veracidad no mermó para nada su popularidad (pero bueno, también tengo que reconocer que he comprado muchas cremas que prometen revertir el envejecimiento que han demostrado exactamente la misma eficacia).

Como son voladores nocturnos, los asociamos con actos oscuros. En una fábula de Esopo, un murciélago pide dinero prestado para una empresa; cuando fracasa, se esconde durante el día de sus acreedores y se convierte en un ser furtivo y noctámbulo. El murciélago vampiro, poco después de ser descrito por primera vez en Sudamérica en el siglo xvi, fue asimilado con alegría por el folclore vampírico preexistente, listo para que Bram Stoker lo aprovechara para su *Drácula* de 1897: «un anciano alto, bien afeitado, salvo por un largo bigote blanco, y vestido de negro de pies a cabeza, sin una pizca de color en ninguna parte» (algo que la gente suele olvidar: el Drácula de Stoker era un anciano). Un murciélago en tu escudo heráldico significaba conciencia de los poderes del caos; señalaba tu parentesco con el pandemónium.

Pero también hay gracia en la oscuridad. El folclore navajo considera a los murciélagos las primeras criaturas del mundo, creadas cuando todo estaba en penumbra, volando en compañía de doce insectos por la recién nacida tierra sin iluminar. Y para los murciélagos, por supuesto, no existe una oscuridad demasiado oscura, gracias a una de las mejores piezas de la sutileza evolutiva: la ecolocalización.

Tardamos mucho tiempo en saber qué permite a los murciélagos moverse con tanta confianza durante la noche. Durante siglos, se pensó que simplemente tenían una visión nocturna espectacular, lo que dio lugar a más remedios populares; en algunas partes del Medio Oeste estadounidense, se creía que sumergir los ojos en sangre de murciélago permitía ver en la oscuridad. Pero los murciélagos, aunque tienen una vista excelente a la luz del día, tres veces más aguda que la nuestra, no ven en la oscuridad. La oyen.

En 1793, el científico italiano Lazzaro Spallanzani descubrió que su mascota, una lechuza, cuando apagaba su vela de lectura, volaba directamente hacia la pared; los murciélagos locales, sin embargo, podían navegar con la misma rapidez y destreza que con luz. Intrigado, cubrió los ojos de tres murciélagos salvajes con ajonje pegajoso, con el mismo resultado; luego le quitó los globos oculares a un murciélago y descubrió que «volaba muy deprisa [...] con la rapidez y seguridad de un murciélago ileso [...]. Mi asombro ante este murciélago que podía ver a la

perfección a pesar de estar privado de sus ojos es inexpresable».
En respuesta, un zoólogo suizo, Charles Jurine, se puso a tapo-
nar los oídos de los murciélagos con cera y descubrió que volaban como borrachos; tras algunos horripilantes experimentos
con parafina y perforaciones del oído interno, ambos llegaron
a la conclusión de que este sentido debía ser vital para el vuelo
de los murciélagos. Sin embargo, pasaron otros cien años antes de
que la ecolocalización empezara a comprenderse.

El murciélago, cuando vuela durante la noche, emite un chi-
llido de tan alta frecuencia que hace que nuestras ondas sono-
ras humanas parezcan lentas y displicentes. El eco, que rebota en
todo lo que les rodea, vuelve a sus oídos y les permite formarse
una imagen, construida a partir de la onda sonora, detalles de la
vellosidad y número de patas del insecto con el que se cruzan
incluidos. Los murciélagos son matemáticos virtuosos: para cal-
cular la distancia a la que se encuentra un objetivo, evalúan el
tiempo transcurrido entre la emisión de la llamada y la recep-
ción del eco, basándose en un conocimiento innato de la velocidad
del sonido. Cuando un murciélago empieza a cazar, sus pulsos
iniciales son más lentos, ya que busca a su presa; pero en cuanto localiza un insecto, las llamadas se convierten en una ráfa-
ga de pulsos ultrasónicos de alta intensidad de hasta doscientos
kilohercios, ondas de doscientos mil ciclos por segundo. El eco
producido es lo bastante preciso como para evitar cables más
finos que un cabello humano. No cabe la más mínima posibilidad de que podamos escucharlos. El rango auditivo medio del ser
humano está comprendido entre unos insignificantes 20 hercios

y 20 kilohercios; para los murciélagos, el rango es colosal, de 11 a 212 kilohercios, pero si pudiéramos oírlos, nos quedaríamos sordos. Las llamadas que emiten son fuertes. El murciélago pescador más grande puede chillar a ciento cuarenta decibelios, lo que equivale a estar a treinta metros de un motor de avión en mitad de un concierto de rock.

Son tan conocedores de la oscuridad, que es insultante pensar que se meterían en tu pelo. Su ecolocalización les permite atrapar un jején del tamaño de la cabeza de un alfiler, así que pueden verte y ten por seguro que te esquivarán. Pero, por supuesto, algunos, enfermos o aturdidos, o que se mueven en grandes colonias, han acabado enredados en el cuero cabelludo de alguien, y la idea ha calado con tanto horror como fascinación. En el folclore francés, un murciélago en el pelo de una mujer era presagio de una relación amorosa tempestuosa y terrible; en Irlanda, era señal de que ibas camino del infierno. Sin embargo, para quienes han estudiado sus métodos, tienen mucho que ofrecer. Daniel Kish, un empresario ciego de California, aprendió a ecolocalizar de niño chasqueando la lengua; cuando pasea por las afueras de California, es capaz de detectar los árboles y los muros, y monta en bicicleta, utilizando una imagen del mundo construida con pulsos.

Los murciélagos no se parecen a nada de este mundo, con esa cara de ratón y sus alas translúcidas. Aristóteles creía que eran aves. Luego cambió de opinión, preocupado por su falta de cola y sus patas ratoniles. En su *De Partibus Animalium*, los situó en un término medio, en el espacio para esos animales incómodos que pertenecen a dos clases al mismo tiempo, junto con las focas, con sus patas de aleta, y las avestruces, que son aves con «plumas que son como pelos e inútiles para el vuelo». Pero Aristóteles cometió una injusticia con ellos: son total y absolutamente fieles a sí mismos. Hay más de 1100 especies de murciélagos en el mundo, lo que supone más de una cuarta parte del recuento de todas las especies de mamíferos. A pesar de que no se les valore demasiado, en su familia se encuentran el murciélago orejudo pardo, con orejas que le llegan hasta la mitad del cuerpo; el murciélago panda, que parece un abejorro; y el murciélago blanco hondureño, de cuerpo blanco y orejas y nariz amarillas. Luego está el murciélago lanudo pintado de Tailandia, con un cuerpo tan naranja que brilla, conocido como la «mariposa», y el murciélago más pequeño del mundo, el murciélago nariz de cerdo de Kitti, conocido como el murciélago moscardón y que es más pequeño que tu pulgar. Pero nuestro interés por las cosas dignas de una casa de muñecas en miniatura los está matando. Son una de las sesenta y seis especies de murciélagos catalogadas como en peligro crítico, en peligro o vulnerables; a medida que aumenta el turismo para ver a los diminutos murciélagos en sus hábitats tailandeses y sus cuevas se van acondicionando para los visitantes, su número va disminuyendo. Es la misma historia de siempre, representada de mil maneras distintas: reducimos su número para nuestro simple deleite.

Los murciélagos estuvieron a punto de quemar Tokio y quizá podrían haber salvado Hiroshima. Durante la Segunda Guerra Mundial, un dentista estadounidense llamado Lytle S. Adams ideó un plan: utilizar murciélago de cola libre para transportar pequeñas bombas incendiarias temporizadas. La idea era enviarlos dentro de una carcasa de bomba, que se abriría con un paracaídas, dejando salir a millones de murciélagos, que volarían y se posarían en los edificios de madera de Tokio. Cuando los temporizadores se apagaran, iluminarían toda la ciudad. Según Adams, Dios había ordenado a los murciélagos «que esperaran a que llegara su momento para desempeñar su papel en el esquema de la libre existencia humana y frustrar cualquier intento de aquéllos que se atreven a profanar nuestra forma de vida». Roosevelt dijo de él: «Este hombre no es un loco. Parece una idea descabellada, pero merece la pena estudiarla». Resultó ser más complicado de lo que Adams esperaba; hubo un error en el momento en que se soltaron y, en lugar de repartirse por una amplia zona, se agruparon, se posaron debajo de un depósito de combustible e hicieron explotar el centro de pruebas. El plan fue abandonado en favor de una nueva idea: la bomba atómica.

El
atún

A Ernest Hemingway le emocionaban los atunes, tanto por su tamaño como por su fuerza. Le encantaba el hecho de que fueran grandes como un oso pardo. La mayoría alcanzan alrededor de 1,8 metros, pero hay ejemplares de la especie más grande, el atún rojo, que pueden llegar a doblar esa longitud y pesar más de seiscientos kilos. En 1922, mientras observaba cómo un barco atunero faenaba durante la temporada de la sardina en el puerto español de Vigo, Hemingway escribió en un artículo sobre un «gran atún que rompe el agua con enorme estruendo y [...] que vuelve a caer al mar con el mismo fragor que un caballo al saltar desde el muelle». El colosal peso del animal le permitía concebir la pesca del atún como una lucha heroica, pura masculinidad frente al océano. Escribió:

> [...] si consigues pescar un gran atún tras seis horas de lucha, en una cruenta batalla del hombre contra el pez hasta el punto de que tus propios músculos te producen constantes náuseas debido al incesante esfuerzo y, al fin, consigues subirlo al barco, tan verde azulado y plateado sobre el apacible océano, quedarás purificado y podrás presentarte, impertérrito, frente a los dioses ancestrales, que te dedicarán una grata bienvenida.

Es la prosa de un hombre que anhela en lo más profundo de su corazón sacar peces del mar a puñetazos. Para él, el atún era todo un pez gordo. Si hubiera sido posible, le habría puesto unos guantes de boxeo y un par de pantalones cortos diminutos.

En la mitología papú, el atún es el padre del sol. En la historia, una mujer, al jugar en el agua con un enorme atún, sintió que le rozaba la pierna. Con el tiempo, la pierna se le hinchó tanto que decidió sajarla y, de ella, salió un bebé. El niño, Dudugera, «niño pierna», fue objeto de burlas por parte de los demás niños, y se volvió agresivo y colérico, un luchador; temiendo por su seguridad, su madre lo llevó de vuelta al agua para devolvérselo a su padre. El gran atún apareció y se llevó al niño en la boca. Pero antes de que se lo llevaran a las profundidades, Dudugera le pidió a su madre que se escondiera, porque iba a convertirse en el sol. Dudugera subió al cielo, abrasando la tierra y todo lo que había en ella. Pero, una mañana, la madre, para mitigar su poder destructor, le arrojó cal a la cara, lo que formó nubes y protegió al mundo de su ferocidad. El atún tiene su lugar en historias grandes y salvajes, ambientadas en los inicios.

Su nombre significa «moverse deprisa»; son auténticos torpedos en el agua. De las quince especies, las que más se suelen encontrar en las latas de los supermercados son el listado, el bonito del norte y el atún claro, pero es el atún rojo el más grande, veloz y espléndido. Son de color azul medianoche, con tonos plateados por encima y brillos blancos por debajo. Para nadar a gran velocidad, el atún rojo retrae sus aletas superiores hacia el interior de su cuerpo, lo que le permite alcanzar los setenta kilómetros por hora, más que un gran tiburón blanco. Ha evolucionado con tal perfección para desplazarse por el océano que científicos financiados por el Pentágono han utilizado la forma del cuerpo del atún como modelo para los misiles submarinos de la Marina estadounidense. Parecen lo bastante grandes como para que quepa un niño dentro, al estilo de Jonás y la Ballena. Los atunes rojos nadan en grandes bancos de quinientos o más ejemplares. Verlos nadar, en toda su velocidad y espuma, es como contemplar una migración de búfalos oceánicos en estampida.

Al igual que los «dioses ancestrales» de Hemingway, los atunes rojos no conocen fronteras. Nacen en el Mediterráneo o en el Golfo de México, crecen para cazar en todo el Atlántico, de Miami a Islandia, de Mauritania a Cuba, una y otra vez, inagotables. Pueden cruzar este océano en tan sólo cuarenta días, pero para aparearse, se desplazan en masa, deseosos de volver a las aguas que los vieron nacer. No sabemos exactamente cómo saben adónde ir. Puede que su extraordinario olfato les permita construir un mapa olfativo del océano o, quizá, utilicen las estrellas o el campo magnético de la Tierra. Sólo sabemos que, cada temporada de apareamiento, regresan para el «desove al voleo», en el que grandes grupos de machos y hembras liberan simultáneamente huevos y esperma en el agua en una cascada llena de esperanza y los dejan ahí para que se las arreglen como puedan. La inmensa mayoría de los diez millones de huevos que produce una hembra al año nunca serán fecundados, pero los que lo consiguen, eclosionan dos días después, apenas del tamaño de una pestaña. Es un comienzo inusualmente precario para una vida que puede durar cuarenta años, si nosotros, o unas pocas especies de tiburones y ballenas dentadas, no los capturamos antes.

A diferencia de la inmensa mayoría de peces, el atún es de sangre caliente. La estructura única de sus vasos sanguíneos les permite almacenar el calor que generan con el movimiento en lugar de perderlo en el océano, lo que significa que no necesitan depender del agua que les rodea para mantener su temperatura corporal. Como resultado, son tan tenaces como rápidos; su capacidad para tolerar cambios extremos en la temperatura del agua hace que puedan perseguir a sus presas hasta las profundidades heladas del mar, a los mil metros. A medida que el agua se enfría, otros peces se vuelven más lentos e indecisos; sin embargo, el atún, en persecución, puede superar con facilidad a su tambaleante comida (esto no siempre es útil para los humanos que comen atún. La dieta del atún, compuesta por cientos de peces más pequeños que ingiere enteros, como arenques, sardinas o caballas, todos con pequeñas cantidades de mercurio en el organismo, hace que el mercurio se vaya acumulando en su carne a lo largo de toda su vida, sin expulsarlo. Como regla general para quienes deseen evitar la intoxicación por mercurio: optad por los peces más pequeños, los que están más abajo en la cadena alimentaria).

Nuestro apetito por el atún en todas sus formas viene de lejos. Ya en el siglo I de nuestra era, se diseñaron por toda Europa elaboradas trampas para atraparlos, dando lugar a un laberinto de redes que los captura durante su periodo de desove. Pero no fue hasta después de la Segunda Guerra Mundial, cuando nuestro deseo de pescar se disparó, que nos volvimos tan mortíferamente eficientes en la pesca de arrastre y, de paso, empezamos a destruir el fondo del océano en nuestra búsqueda. Gran parte de nuestra pesca se realiza con palangres, líneas con anzuelos con cebo que se extienden setenta kilómetros a lo largo del fondo oceánico, capturando peces indiscriminadamente y desechando todo lo que no es rentable. Los delfines, que suelen nadar junto a los atunes, son un daño colateral: trescientas mil ballenas y delfines son capturados y descartados cada año como «captura accesoria» de la pesca industrial. El agua está llena de cadáveres (los científicos marinos consideran que las etiquetas «Dolphin safe» de nuestras latas no significan casi nada: la matanza tiene lugar a kilómetros de distancia en el mar, donde la regulación no puede ser constante y es más fácil sobornar a los inspectores). Según algunas estimaciones, el noventa por ciento de los peces depredadores más grandes (la megafauna, como el atún, el tiburón y el pez espada, con ese pico largo y afilado que podría matar a un hombre) ya han desaparecido del océano. Nuestra hambre no hace más que aumentar. Kiyoshi Kimura, propietario de la cadena de sushi Sushizanmai, pagó 3,1 millones de dólares por un atún rojo de 278 kilos, récord mundial. En general, se considera que la puja se infló artificialmente para atraer la atención de la prensa y la fanfarria del pescado, pero aun así, el atún rojo es uno de los seres vivos más caros del planeta.

En la cadena de restaurantes japoneses de alta gama Nobu, propiedad en parte de Robert de Niro, con su deslumbrante y suave iluminación en Old Park Lane de Londres y en Los Ángeles, es posible comprar atún rojo. En el momento de escribir estas líneas, el menú del restaurante londinense incluye un pequeño e hipócrita asterisco: «El atún rojo es una especie amenazada desde el punto de vista medioambiental; pida a su camarero una alternativa». Sashimi en salsa de disonancia cognitiva, como si eso bastara para absolver al restaurante de su responsabilidad en la cadena de suministro. Trevor Corson, antiguo pescador y autor del libro *The Story of Sushi*, se muestra escéptico sobre por qué lo pescamos, ya que, en una cata a ciegas, la mayoría de la gente no es capaz de distinguir entre el atún rojo y el atún claro. Para muchos comensales de Nobu, sin embargo, el asterisco es más una bandera de victoria que un elemento disuasorio, puesto que su escasez es justo lo que hace que comerlos se convierta en una emoción tan visceral. En el siglo xv, Lorenzo de Médicis convertía de vez en cuando la plaza de la Piazza della Signoria de Florencia en un coto de caza. Se reunían multitud de animales exóticos, que luego se soltaban para ser masacrados. El impulso se asemeja al del Nobu: devorar algo raro.

Nuestro ímpetu «mediciesco» los está encaminando a la extinción. El conglomerado Mitsubishi controla el cuarenta por ciento del mercado mundial del atún rojo; cada año congela y acapara enormes reservas de pescado. Aunque afirma que su objetivo es ir reduciendo poco a poco su consumo, los conservacionistas creen que actúan con la expectativa de que, en caso de extinción del pez en estado salvaje, los precios se disparen. Congelados en grandes pilas a sesenta grados bajo cero por la misma empresa que fabricaba el reproductor de casetes de mi infancia, sus cuerpos se venderían a precios astronómicos.

Este juego, de nombre especialmente vil, se llama «especulación de extinción». Lo practican quienes coleccionan aletas de tiburón noruego, vejigas de osos amenazados y cuernos de rinoceronte; hombres y mujeres con corazones que sólo cantan al son del dinero. Se sabe que hay coleccionistas que acumulan enormes pilas de pieles y cubas de vino de hueso de tigre (el vino se elabora remojando porciones del esqueleto de un tigre en vino de arroz; tarda ocho años en fermentar y luego puede almacenarse para siempre). Si los tigres se extinguen en estado salvaje, lo que es bastante posible que ocurra para 2050, el valor de estos activos se disparará. El futuro parece prometedor para quienes apuestan por la erradicación. El tigre de rayas estrechas del sur de China no se ha visto en estado salvaje desde la década de 1980; el tigre del Caspio, que tenía el pelaje más espeso y frondoso de todas las subespecies de tigre, se extinguió en estado salvaje a finales del siglo xx. Según un estudio, en el caso del rinoceronte, «aquéllos que buscan el máximo beneficio pueden encontrar así un incentivo para subvencionar la matanza de rinocerontes hasta que la población salvaje desaparezca». Se ha pagado a cazadores furtivos para que maten incluso a los rinocerontes salvajes sin cuernos comercializables con el fin de apresurar su muerte definitiva.

La extinción no sólo se debe a nuestra inercia, sino también a los incentivos que conlleva. Los atunes migran a través del vasto mundo azul y, por encima de ellos, los jugadores vigilan, con sus reservas secretas a buen recaudo, mientras esperan a que llegue el final.

El
topo dorado

La palabra *iridiscente* procede de iris, la palabra griega para «arcoíris», más el sufijo latino *-escente*, que significa «con tendencia a». La iridiscencia es una cualidad de muchos insectos, algunas aves y algún que otro calamar, pero sólo está presente en un mamífero: el topo dorado. Algunas especies son negras, otras color plata metalizado o amarillo leonado, pero bajo distintas luces y desde diferentes ángulos, su pelaje cambia a turquesa, azul marino, morado o dorado. Por lo tanto, se trata de topos con tendencia a adoptar los colores del cielo.

De hecho, el topo dorado no es un topo. Está más emparentado con el elefante y, aunque la mayoría son tan pequeños que caben en la mano de un niño, sus cuerpos son potentes plantas eléctricas en miniatura; sus riñones son tan eficientes que muchas especies pueden pasar toda su vida sin beber una gota de agua. El hueso de su oído medio es tan grande y está tan hipertrofiado que es inmensamente sensible a las vibraciones subterráneas; mientras espera bajo el suelo o la arena, el topo dorado puede oír las pisadas de pájaros y lagartos; puede distinguir entre los pasos de una hormiga y un escarabajo. Existe un término científico, autoapomorfia, que hace referencia a un rasgo distintivo que es exclusivo de un grupo determinado. Siguiendo ese criterio, debido a sus poderosas patas delanteras y sus patas traseras palmeadas, los científicos lo describen como un animal «espectacularmente autoapomórfico». Llevan mucho más tiempo que nosotros siendo así de particulares. Hay especímenes fósiles que datan del Mioceno, que se extiende desde hace unos veintitrés millones de años hasta hace unos cinco millones de años. Su brillo se remonta muy atrás en la historia.

Hay veintiuna especies, todas del África subsahariana y, como suele ocurrir con estas cosas, muchas de ellas deben sus nombres a algún hombre. Está el topo dorado de Grant (de tan sólo ocho centímetros de largo y que habita en el desierto de Namibia, conocido como el «tiburón de las dunas») y el topo dorado de Marley (de color marrón rojizo, que sólo se encuentra en dos pequeños trozos de tierra de las laderas orientales de la cordillera de Lebombo), el topo dorado robusto (que no es robusto en absoluto y se está extinguiendo debido a la pérdida generalizada de su hábitat en Sudáfrica) y la especie más grande, el topo dorado gigante. Con veintitrés centímetros de longitud, podría enfrentarse a todos los demás en una pelea, pero no es rival para nuestros impulsos destructivos, nuestras talas de bosques y nuestra minería, y es el más amenazado de todos los topos dorados. De las veintiuna especies, más de la mitad están actualmente en peligro de extinción debido a la contaminación y a la pérdida de hábitat; si los perdemos, habremos perdido el único mamífero arcoíris del mundo, una estupidez tan grotesca para lo que no deberíamos esperar el perdón.

Y luego está la vigésimo primera especie, el topo dorado de Somalia, el *Pie Grande* de los topos dorados, que nunca ha sido visto vivo. En 1964, Alberto Simonetta, profesor del Instituto de Zoología de Florencia, estaba rebuscando en el contenido de un horno de panadería en desuso de Somalia. Una familia de lechuzas había estado viviendo en él y, dentro de una de las egagrópilas, Simonetta encontró diferentes huesos de un topo dorado, incluida la «rama derecha de la mandíbula inferior». Esta diminuta mandíbula, apenas mayor que el corte de la uña del pulgar, no coincidía con la de ningún otro topo conocido, por lo que añadió al topo dorado de Somalia (*Calcochloris tytonisa*) a la lista de especies. Simonetta buscó la versión viviente, prometiendo a los niños un chelín por cada espécimen facilitado, pero ninguno llegó, y el único registro de su existencia es su artículo de veintinueve páginas, «Un nuevo topo dorado de Somalia con un apéndice sobre la taxonomía de la familia *Chrysochloridae*». El topo dorado de Somalia figura en la Lista Roja de Especies Amenazadas de la UICN como «datos insuficientes». Se trata de una categoría aplicada al catorce por ciento de todos los mamíferos, un recordatorio de que no sabemos con qué compartimos el mundo ni en qué número. Sabemos muy poco sobre cualquier topo dorado, pero sobre el topo dorado de Somalia no sabemos nada en absoluto; ni de qué color es, ni si abunda en algún pequeño terruño aún sin explorar, ni si la lechuza se comió al último.

Quizás el mayor misterio sea por qué el topo dorado ha evolucionado para brillar. La iridiscencia se produce cuando la estructura física de un objeto hace que las ondas de luz se combinen, dando la impresión de que cambian entre varios colores; el fenómeno está bien representado en el mundo natural, pero siempre parece responder a un propósito obvio. La mariposa *Morpho*, por ejemplo, tiene una iridiscencia azul en las alas tan brillante y compleja que aún no hemos sido capaces de reproducirla en nuestras tintas y pinturas. Se cree que utiliza esta característica para comunicarse con otras *Morphos* a larga distancia, reflejando la luz ultravioleta con sus alas. El colibrí rufo macho tiene una pechera naranja iridiscente, una especie de gola renacentista en Technicolor;

cuando intenta atraer a una pareja, ahueca las plumas del cuello y se eleva hacia el cielo, para luego descender en picado tan rápido que se puede oír cómo se separa el aire a su alrededor. Una vez, borracha y en el día de San Valentín, intenté compartir una ración de pollo frito con una paloma patizamba londinense y, por primera vez, a la luz de la calle, vi cómo el plumaje iridiscente de sus cuellos, captado en el ángulo adecuado, se ilumina del verde azulado al magenta.

Todas estas criaturas son iridiscentes por una razón. Pero el topo dorado es ciego. Una capa de piel y pelaje cubre sus ojos, por lo que jamás ha podido ver su propio resplandor. Vive casi siempre oculto en las profundidades más frías de la tierra y la arena, a medio metro por debajo de la superficie, y sólo sale para cazar insectos. En la actualidad se cree que su pelaje evolucionó para ser fácil de aplanar, resistente y de baja fricción con el objetivo de facilitar la excavación. En este caso, la iridiscencia sería un simple efecto secundario accidental. Se trataría de gloria sin un propósito determinado, moldeada por las lentas sutilezas del mundo. Así que excavan, se reproducen, cazan, viven y mueren bajo el sol africano, sin ser conscientes de su propia belleza, brillando sin saberlo.

Pero no son los únicos. El ser humano también brilla. Somos infinitesimalmente bioluminiscentes; las reacciones químicas del cuerpo humano emiten fotones, la partícula elemental de la luz, una luz que es mil veces más débil de lo que puede captar el ojo humano, pero es constante y se concentra alrededor de la cara. Al igual que el topo dorado, nosotros también emitimos un resplandor invisible para nosotros mismos.

El
ser humano

El mundo es extraño y enormemente bello, poblado de rarezas y sorpresas imperecederas. Y entre ellas, la atención humana es quizás una de las más escasas y sofisticadas.

Así que este libro no ha sido más que un cortejo, un intento de captar tu atención, de hacerte ver las maravillas del mundo. Porque todavía es mucho lo que se puede salvar. El miedo y la furia ayudarán a la incitación, pero no bastarán por sí solos; nuestra atención competente y amorosa tendrá que ser lo que nos impulse. ¿Cuál es el mayor tesoro? La vida. Son todos esos seres vivos y la tierra de la que dependen: el narval, la araña, el pangolín, el vencejo y el resplandeciente ser humano, con todos sus defectos. Todo reclama nuestro atesoramiento más furioso y férreo.

Y, para terminar, una historia.

Se trata de una historia sobre los seres humanos y nuestras relaciones con los tesoros: la historia de los libros sibilinos, una colección de libros mitológicos y proféticos, escritos en griego hacia el 510 a. C. Cuenta la tradición que una anciana sibila, una profetisa, ofreció al último rey de Roma la posibilidad de comprar nueve libros que contenían las profecías del mundo. La historia aparentemente verídica de su compra ha sido contada cientos de veces, sobre todo por el gramático romano Aulo Gelio en su obra *Noctes Atticae* (Noches áticas) hacia el año 177 de nuestra era, por Orígenes de Alejandría en el siglo siguiente y por Douglas Adams en su obra *Last Chance to See*, en cuya narración se basa este artículo. La historia, a grandes rasgos (muy a grandes rasgos), es la siguiente:

Érase una vez una ciudad grande y floreciente, con sus festejos, su trabajo duro y sus ciudadanos, que llevaban unas vidas muy ajetreadas. Una primavera llegó a la ciudad una anciana, vestida con harapos desgastados y zapatos firmes. Llevaba consigo nueve libros que contenían toda la sabiduría y el conocimiento, todos los secretos aún no revelados del mundo. Dijo que vendería los nueve libros a cambio de un gran saco de oro (Aulo Gelio no especifica la cantidad, pero era «una suma inmensa y exorbitada»).

A los habitantes de la ciudad la idea les pareció, a la vez, algo cómica y amorfamente molesta. Según decían, esta mujer tenía muy poco sentido de la economía, del valor o del oro en sí, y le sugirieron que cogiera sus libros y se fuera.

—Como queráis —les dijo.

Encendió una pequeña hoguera en la plaza, quemó tres de los volúmenes que contenían todos los secretos del mundo y siguió su camino con el humo aún impregnando el aire.

Aquel año pasaron un mal invierno, con inundaciones y tormentas de nieve, pero los habitantes de la ciudad siguieron prosperando, más o menos. Cuando el sol del verano volvió, la vieja sabia regresó. La gente le preguntó cómo le había ido la venta ambulante de secretos del mundo.

—Bien —respondió la anciana y les ofreció los seis libros restantes, dos tercios de toda la sabiduría y los secretos del mundo. Eso sí, el precio había subido a dos sacos de oro.

En opinión de los ciudadanos, aquéllo suponía una especulación escandalosa: no podía duplicar el precio por dos tercios de la sabiduría. La anciana se encogió de hombros y les pidió una cerilla. Tres libros más ardieron en llamas.

El siguiente invierno fue todavía más duro y frío, hasta el punto de que murieron más personas de lo soportable, pero cuando llegó el sol, las cosas fueron a mejor.

Entonces, la anciana volvió, con tres libros en el bolso. Les dijo que podrían tenerlos por cuatro sacos de oro. Los habitantes del pueblo, cuyos conocimientos matemáticos eran impecables, se rieron, inquietos. ¡No podía decirlo en serio!

La anciana pidió leña.

—¡Espera! —dijeron los habitantes de la ciudad.

Quizá valdría la pena echar, al menos, un vistazo. Le pidieron que les dejara los libros con el objetivo de mantener una serie de debates y consultas y, en algún momento no concreto del futuro, le harían saber si habían llegado a algún acuerdo sobre si había o no algo por lo que mereciera la pena pagar.

La anciana negó con la cabeza.

—¿Me podríais dar esa leña?

La gente se negó.

—Entonces, ¿queréis los libros?

—No a ese precio. No nos lo podemos permitir. Tenemos que ser realistas.

La anciana se encogió de hombros. Recogió un montón de hierba seca sobrante de la siega del heno, que aquel año había sido escasa, cubrió con ella dos libros y les prendió fuego. Ardieron deprisa.

Cuando regresó la primavera siguiente, con el único libro que le quedaba bajo el brazo, la gente de la ciudad la estaba esperando.

—Ya lo sabemos —le dijeron—. Ocho sacos de oro. Aquí los tenemos.

—El precio ahora es de dieciséis sacos de oro —les respondió la anciana.

—Pero, ¡hemos planeado y presupuestado ocho! —gritó el populacho.

—Dieciséis es barato, en realidad.

—¡No seas ridícula!

La anciana los miró con toda la fuerza de sus cejas y los más sabios retrocedieron.

—Es barato. El libro contiene oro más allá de todo el oro.

—¡Ha sido un mal año! Lo estamos pasando mal.

La anciana que, para sorpresa de todos, recogía leña a un ritmo bastante rápido no dijo nada.

Los ciudadanos volvieron corriendo a sus casas, discutieron con intensidad y, al final, reunieron el oro. Arrastraron dieciséis sacos hasta la pila de palos con la que la mujer acababa de cubrir el último libro que quedaba.

Lo cogieron, con hambre, esperanza y desesperación.

La anciana asintió, subió los sacos de oro a dos fuertes caballos y se giró con la intención de abandonar la ciudad.

—Más vale que de verdad cueste el dinero que te hemos pagado.

—Por supuesto que sí —les dijo—. Desde luego. Es extraordinario.

Puso rumbo a las puertas de la ciudad y, sin volverse, les habló.

—Deberíais haber visto lo que he quemado.

Y los dejó solos con la única fracción que había sobrevivido de toda la sabiduría y el conocimiento, de todos los secretos y la belleza por descubrir que alguna vez hubo en el mundo, para que hicieran lo que pudieran y atesoraran lo que quedaba de la mejor manera posible.

Nota de la autora

La mitad de los derechos de autor de este libro se destinarán a perpetuidad a organizaciones benéficas que luchan contra el cambio climático y la destrucción del medio ambiente, una en tierra firme y la otra en el mar. Al comprarlo, les estás prestando tu apoyo, algo que agradezco enormemente.

Agradecimientos

Todo mi agradecimiento a Mary-Kay Wilmers, editora y cofundadora de la *London Review of Books*, y a Alice Spawls, su sucesora como coeditora. Algunos de los animales aquí citados aparecieron en esta publicación por primera vez y les estoy muy agradecida por darles un hogar.

También quiero darle las gracias a Vikrom Mathur por su generosidad y sus conocimientos científicos, y a Amy Jeffs, que hace tiempo me habló de la existencia del topo dorado. Hay tanta gente a la que debo tanta gratitud y cariño que podría llenar otro libro. Ya sabéis quiénes sois. Gracias.

Lecturas recomendadas

El topo dorado

Girling, Richard: *The Hunt for the Golden Mole. All Creatures Great and Small, and Why They Matter*, 2014.

Mason, M. J. y Narins, P. M.: «Seismic sensitivity in the desert golden mole (Eremitalpa ranti): A review», *Journal of Comparative Psychology* 116(2), pp. 158–163, 2002.

Skinner, J. D. y T. Chimimba, Christian: *The Mammals of the Southern African Sub-region*, 2005.

El cangrejo ermitaño

E. Angel, Jennifer: «Effects of shell fit on the biology of the hermit crab Pagurus longicarpus (Say)», *Journal of Experimental Marine Biology and Ecology* 243: 2, pp. 169–184, 2002.

Mironenko, Aleksandr: «A hermit crab preserved inside an ammonite shell from the Upper Jurassic of central Russia: Implications to ammonoid palaeoecology», *Palaeogeography, Palaeoclimatology, Palaeoecology* 537, e109397, 2020.

S. Weis, Judith: *Walking Sideways: The Remarkable World of Crabs*, 2012.

El vencejo

Åkesson et al., Susanne: «Migration routes and strategies in a highly aerial migrant, the common swift Apus apus, revealed by light-level geolocators», *PLoS ONE* 7(7), e41195, 2012.

Hedenström et al., Anders: «Annual ten-month aerial life phase in the common swift Apus apus», *Current Biology* 26:22, pp. 3066–3070, 2016.

J. Lack, David y Andrew: *Swifts in a Tower*, 2018.

La jirafa

Allin, Michael: *Zarafa. la auténtica aventura de la jirafa que viajó a París desde el corazón de África*, 2000.

E. Dunn et al., Matilda: «Investigating the international and pan-African trade in giraffe parts and derivatives», *Conservation Science and Practice* 3:5, 2021, e390.

Shorrocks, Bryan: *The Giraffe. Biology, Ecology, Evolution and Behaviour*, 2016.

El wómbat

Simons, John: *Rossetti's Wombat. Pre-Raphaelites and Australian Animals in Victorian London*, 2008.

Starbuck, Nicole: *Baudin, Napoleon and the Exploration of Australia*, 2015.

Vogelnest, Larry y Woods, Rupert (editores): *Medicine of Australian Mammals*, 2008.

El narval

Graham et al., Zackary: «The longer the better: evidence that narwhal tusks are sexually selected», *Biology Letters* 16:3, 2020.

Hønneland, Geir y Jensen, Leif Christian: *Handbook of the Politics of the Arctic*, 2015.

Nweeia et al., Martin: «Sensory ability in the narwhal tooth organ system», *The Anatomical Record* 297:4, 2014, pp. 599–617.

El oso

Browne, Thomas: *Pseudodoxia Epidemica or Enquiries into very many received tenents and commonly presumed truths*, 1646.

Grigson, Caroline: *Menagerie. The History of Exotic Animals in England*, 2015.

Hawkes, Terence: *Shakespeare in the Present*, 2002.

El cuervo

Cornell et al., Heather: «Social learning spreads knowledge about dangerous humans among American crows», *Proceedings of the Royal Society* 279, 2011, pp. 499–508.

Emery, Nathan y B. M. Waal, Frans: *La extraordinaria inteligencia de las aves*, 2023.

Walters, Mark: *Seeking the Sacred Raven. Politics and Extinction on a Hawaiian Island*, 2012.

El lobo

Lopez, Barry: *Of Wolves and Men* (edición revisada), 2004.

Mech, L. David y Boitani, Luigi (editores): *Wolves. Behavior, Ecology, and Conservation*, 2003.

Skuse, Alanna: «Wombs, worms and wolves: constructing cancer in early modern England», *Social History of Medicine* 27:4, 2014, pp. 632–648.

El tiburón boreal

Borucinska et al., J. D.: «Ocular lesions associated with attachment of the parasitic copepod Ommatokoita elongata (Grant) to corneas of Greenland sharks, Somniosus microcephalus», *Journal of Fish Diseases* 21:6, 1998, pp. 415–422.

Nielsen, Julius y Heinemeier et al., Jan: «Eye lens radiocarbon reveals centuries of longevity in the Greenland shark (Somniosus microcephalus)», *Science* 353, 2016, pp. 702–704.

Strøksnes, Morten: *Shark Drunk. The Art of Catching a Large Shark from a Tiny Rubber Dinghy in a Big Ocean*, 2017.

La liebre

Edwards et al., P. J.: «Review of the factors affecting the decline of the European brown hare, Lepus europaeus», *Agriculture, Ecosystems and Environment* 79:2–3, 2000, pp. 95–103.

Kors, Alan y Peters, Edward (editores): *Witchcraft in Europe, 400–1700*, 2001.

Taylor, Marianne: *The Way of the Hare*, 2017.

La foca

Heckel, Gisela y Schramm, Yolanda (editores): *Ecology and Conservation of Pinnipeds in Latin America*, 2021.

Reichmuth, Colleen y Casey, Caroline: «Vocal learning in seals, sea lions, and walruses», *Current Opinion in Neurobiology* 28, 2014, pp. 66–71.

Riedman, Marianne: *The Pinnipeds. Seals, Sea Lions, and Walruses*, 1990.

El erizo

Brears, Peter: *Cooking and Dining in Medieval England*, 2008.

Morrison, Elizabeth (editora): *Book of Beasts. The Bestiary in the Medieval World*, 2019.

el Viejo, Plinio: *Historia natural*, trad. Antonio Fontán et al., Libros I-II y Libros III-VI, 2018.

El elefante

Labouchère, Henry Du Pré: *Diary of the Besieged Resident in Paris*, 1871.

Fernando et al., Prithiviraj: «DNA analysis indicates that Asian elephants are native to Borneo and are therefore a high priority for conservation», *PLoS Biology* 1:1, 2003, e6.

Garstang, Michael: *Elephant Sense and Sensibility*, 2015.

El caballito de mar

Abulafia, David: *Un mar sin límites. Una historia humana de los océanos*, 2021.

Consi et al., T. R.: «The dorsal fin engine of the seahorse (Hippocampus sp.)», *Journal of Morphology* 248:1, 2001, pp. 80–97.

Wilson et al., Anthony B.: «The dynamics of male brooding, mating patterns, and sex roles in pipefishes and seahorses (family Syngnathidae)», *Evolution* 57:6, 2003, pp. 1374–1386.

El pangolín

Ingram et al., Daniel: «Assessing Africa-wide pangolin exploitation by scaling local data», *Conservation Letters* 11:2, 2018, e12389.

Wang et al., Bin: «Pangolin armor: overlapping, structure, and mechanical properties of the keratinous scales», *Acta Biomaterialia* 41, 2016, pp. 60–74.

Waterman et al., Carly (editores): *Pangolins. Science, Society and Conservation*, 2019.

La cigüeña

Birkhead et al., Tim: *Ten Thousand Birds. Ornithology since Darwin*, 2014.

Harrison, Thomas: «Birds in the Moon», *Isis* 45:4, 1954, pp. 323–330.

Lilienthal, Otto: *Birdflight as the Basis of Aviation. A Contribution towards a System of Aviation, Compiled from the Results of Numerous Experiments Made by O. and G. Lilienthal*, 1889.

Tree, Isabella: *Wilding. The Return of Nature to a British Farm*, 2018.

La araña

Brunetta, Leslie y Craig, Catherine L.: *Spider Silk. Evolution and 400 Million Years of Spinning, Waiting, Snagging, and Mating*, 2010.

Termeyer, Raimondo Maria de, revisado por Burt Green Wilder: *Researches and Experiments upon Silk from Spiders, and upon Their Reproduction*, 1866.

Platnick, Norman: *Arañas del mundo. Una historia natural*, 2020.

El murciélago

Christen, Arden y Christen, Joan: «Dr Lytle Adams' incendiary "bat bomb" of World War II», *Journal of the History of Dentistry* 52:3, 2004, pp. 109–115.

Fenton, M. Brock y Simmons, Nancy B.: *Bats. A World of Science and Mystery*, 2015.

Pollak, George D. y Casseday, John H.: *The Neural Basis of Echolocation in Bats*, 2012.

El lémur

Kappeler, Peter M. y Ganzhorn, J.: *Lemur Social Systems and Their Ecological Basis*, 2013.

Norscia, Ivan y Palagi, Elisabetta: *The Missing Lemur Link. An Ancestral Step in the Evolution of Human Behaviour*, 2016.

Simons, Elwyn y Meyers, David M.: «Folklore and beliefs about the aye aye (Daubentonia madagascariensis)», *Lemur News* 6, 2001, pp. 11–16.

El atún

Corson, Trevor: *The Story of Sushi. An Unlikely Saga of Raw Fish and Rice*, 2008.

Mason, Charles F.; Bulte, Erwin H. y Horan, Richard D.: «Banking on Extinction: Endangered Species and Speculation», *Oxford Review of Economic Policy* 28:1, 2012, pp. 180–192.

Telesca, Jennifer: *Red Gold. The Managed Extinction of the Giant Bluefin Tuna*, 2020.

El ser humano

Adams, Douglas y Carwardine, Mark: *Last Chance to See*, 1989.

Berry, Wendell: *¿Para qué sirve la gente?*, 2018.

Fanon, Frantz: *Los condenados de la tierra*, 1999.

Gelio, Aulo: *Noches áticas*, traducción de Francisco García Jurado, Alianza Editorial, 2007.

Ghosh, Amitav: *The Great Derangement. Climate Change and the Unthinkable*, 2016.

Gumbs, Alexis Pauline: *Undrowned. Black Feminist Lessons from Marine Mammals*, 2020.

Hooks, Bell: *Todo sobre el amor. Nuevas perspectivas*, 2021.

Rayner, Steve y Malone, Elizabeth L. (editores), *Human Choice and Climate Change*, vol. 4, 1998.

Robinson, Marilynne: *The Death of Adam. Essays on Modern Thought*, 2000.

Snyder-Beattie et al., Andrew E.: «The timing of evolutionary transitions suggests intelligent life is rare», *Astrobiology* 21:3, 2021, pp. 265–278.

Solnit, Rebecca: *Esperanza en la oscuridad. La historia jamás contada del poder de la gente*, 2017.

Wallace-Wells, David: *El planeta inhóspito. La vida después del calentamiento*, 2019.

Este libro se terminó de imprimir en el mes de mayo del 2025. Según los datos del Ministerio para la Transición Ecológica y el Reto Demográfico, hay más de quinientas especies animales amenazadas y en régimen de protección especial en España, entre ellas, el lince ibérico, el quebrantahuesos, el oso pardo, el urogallo cantábrico y el águila imperial ibérica. De la pervivencia de estas especies, así como del resto del mundo natural que nos rodea, depende, en gran medida, que en nosotros siga permaneciendo la capacidad de asombro y el entendimiento de nuestro lugar en el universo.